公共设施造型开发设计

张婷 苗广娜 编著

U0323449

东南大学出版社
SOUTHEAST UNIVERSITY PRESS
·南京·

图书在版编目(CIP)数据

公共设施造型开发设计 / 张婷、苗广娜编著. —南京:东南大学出版社,2014.3
（分类产品造型创意开发设计丛书）
ISBN 978 - 7 - 5641 - 4759 - 4

Ⅰ.①公…　Ⅱ.①张…　②苗…　Ⅲ.①城市公用设施-造型设计　Ⅳ.①TU984.14

中国版本图书馆 CIP 数据核字(2014)第 033314 号

公共设施造型开发设计

出版发行	东南大学出版社
出 版 人	江建中
社　　址	南京市四牌楼 2 号
邮　　编	210096
经　　销	全国各地新华书店
印　　刷	南京顺和印刷有限责任公司
开　　本	787 mm×1092 mm　1/16
印　　张	11
字　　数	300 千字
书　　号	ISBN 978 - 7 - 5641 - 4759 - 4
版　　次	2014 年 3 月第 1 版
印　　次	2014 年 3 月第 1 次印刷
印　　数	1～3000 册
定　　价	58.00 元

（本社图书若有印装质量问题,请直接与营销部联系,电话:025－83791830）

前　言

　　近年来,我国城市建设的速度加快,城市面貌可谓日新月异,街道的不断拓宽改造,新老城区的交接与演变,现代化城市已初现端倪。城市的交通、水电、绿地、公园、体育场馆等公共设施日趋齐备,雕塑、景观小品、壁画、喷泉等也成为其中必不可少的元素,不断美化着我们的城市环境。我国已逐渐意识到城市公共设施的重要性,并不断加大对公共设施建设的投入,但是仍然存在很多问题。相关领域的专家学者们也认识到,公共设施的规划和建设,不仅仅是表面形象,更重要的是要为人们的生活创造更为系统的、舒适的、富有个性的环境空间。那么,从设计的角度怎样来实现人们对城市环境空间的行为与心理的基础需要,设计师怎样创造出一个富有生机、活力并且和谐的城市公共空间呢? 这就是本书编写的目的所在。

　　本书对城市公共设施设计的现状、发展趋势、设计范畴进行了详细的研究,提出城市公共设施的设计应该着眼于创新和生态发展的设计理念,站在可持续发展的高度上寻求合理的产品设计原则和设计方法。在科学的公共设施的基本设计程序的指导下,对公共信息设施、公共交通设施、公共照明设施、公共卫生设施、公共休闲设施、公共服务设施、公共管理设施等方面结合具体的案例进行详细的论述。本书做到学术性和实用性相结合,既针对日趋庞大的专业设计人士、管理人员,也兼顾大众消费者;既可以作为学术著作又可以作为大专院校的专业教材使用,为今后进一步研究提供一些启示。本书采用图文结合的方式来增强可读性,语言深入浅出、通俗易懂。

编者

2013.9

目 录

第一章
公共设施设计概述

　　建造城市是人类最伟大的成就之一,城市的形式无论过去还是将来都始终是文明状况的标志。城市是有生命的,城市同所有其他的生物体一样,在他们自身的整个运动中,贯穿了物质、能量和信息的变化、协调和统一,形成城市社会有组织有秩序的活动。公共设施设计是伴随城市发展而产生的融工业产品设计与环境设计为一体的新型环境产品设计,它与其他建筑一样,由人类的发展而产生,并遵循城市的发展和城市构成的要求而发生变化。公共设施的存在与演变体现了人类的文明程度与城市的发展程度,同时公共设施的性质又与城市的环境性质相一致,具有文化性、多元性、特定性的设计特点。公共设施的存在犹如城市的家具,是城市空间不可或缺的元素,是城市的细节设计,用其丰富的造型、多变的体量及多重功能丰富城市空间。

一、公共设施的含义

　　公共设施是指由政府或其他社会组织提供的、属于社会公众使用或享用的公共建筑或设备。按经济学的说法,公共设施是政府提供的公共产品。从社会学来讲,公共设施是满足人们公共需求(如便利、安全、参与)和公共空间选择的设施,如公共行政设施、公共信息设施、公共卫生设施、公共体育设施、公共文化设施、公共交通设施、公共教育设施、公共绿化设施、公共屋等。从艺术设计的角度讲,公共设施设计是指在公共空间中,为环境提供便利于人们活动、休息、娱乐及交流的公共小品及产品设计。从形式上讲,可以和环境互融或互补,丰富空间的形式(图1-1);从色彩上讲,可以采用多种色彩构成形式,通过巧妙的色彩变化,达到美化空间的作用(图1-2);从艺术形式上讲,可以采用抽象和具象的形式,给不同空间以多层次的视觉感受(图1-3、图1-4)。

图 1-1

图 1-2

图 1-3

图 1-4

公共设施是与我们生活密切相关的一种室内外辅助设施,具体包括路灯、街椅、垃圾箱、公共汽车站、商亭、电话亭、标志牌、广告牌、马路护栏等,是在城市中使用最多、分布最广而又与人群(无论是本地人还是外来游客)接触最为密切的公共设施,它以其独有的功能特点遍布城市的大街小巷。公共设施设计作为城市空间的要素之一,是城市环境不可缺少的一部分。公共设施与大众的日常生活关系密切,在实现其自身功能的基础上,已经与建筑一起共同反映一个城市的特色与风采,体现市民的生活品质。城市公共设施在欧洲被称为"街道的工具"、"园地装置"、"城市的配件"(图 1-5)。日本人则称之为"步行者道路的家具"(图 1-6)。对于这些称呼的理解,我们可以认为是室内设施向室外设施的延伸,这就要求室外设施同样具有室内设施的功能与要求。作为城市形态的重要元素,公共设施显然具有成为城市触媒的潜力,引导城市形态的发展,并且有可能为该地区的发展带来影响。

图 1-5

图 1-6

二、公共设施设计的意义

公共设施是人与环境的纽带。它不但具有满足人的需求的实用功能,同时还具有改善城市环境、美化环境的作用,它又是城市文明的载体,对提升城市文化品位具有重要的意义。它同建筑、美术、音乐一样伴随着人类文明而诞生,并因循城市文化和机制的要求而发展变化。公共设施遍布于我们生活的环境中,参与城市景观舞台表演。它们不仅是空间环境中的元素,更是环境景观的创造者,在空间环境中扮演着非常重要的角色。公共设施的存在,赋予了空间环境积极的内容和意义,丰富和提高了城市景观的品质,改善了人们的生活质量,使潜在的环境变成了有效的环境景观,丰富了空间层次。

公共设施作为公共空间的重要组成部分,一直默默地为人们生活的方方面面提供各种便利的服务,为提高城市功效做出贡献。如自动提款机(图1-7)的出现,极大地便利了人们的取款,避免了取钱的时间限制。自动售票机(图1-8)、自助检票机(图1-9)、自助售货机(图1-10)等一系列智能设施的出现使人们的生活更加便利。又如公共座椅、凉亭、饮水机等,为外出的人们提供了休息、交流、恢复体力的便利等。

图1-7

图1-8

图1-9

图1-10

城市公共设施是城市空间构成中不可或缺的主要元素,城市公共设施的设计和处理,最能体现城市的文明程度和文化品质,也是体现城市品位、提高生命趣味的重要环节。从塑造城市形象的视角出发,审视城市公共设施对城市影响力、竞争力的作用可以看到,成功的城市公共设施设计可以创造出一个城市强烈的地域感和认知感,培育城市知名度和扩大其影响力,成为拉动城市发展的一个重要增长点,可以培育新兴产业。人类社会在 21 世纪到来前开始进入信息时代,信息时代经济高速发展,带动中国城市建设以史无前例的规模和速度向前发展,城市公共设施作为城市文化和形象的标志,不应该单单成为城市的装饰品,创造舒适的环境;在功能上应该多样化,满足现代人的多种需求,引导城市的发展。所以,必须充分考虑公共设施的设计问题。事实上,发展公共设施已经成为许多国家城市开发项目的设计原则,并且也被认为是当代建筑师应该承担的社会和政治责任。

三、国内外公共设施的发展概况及趋势

(一)国外城市公共设施设计发展概况

科学技术的发展促进了经济社会的急剧变化,人们的生活环境受到来自各方面的冲击和威胁:高速交通体系之类的超人性的装置和构筑物到处矗立的矛盾,大工业、大机器生产和传统手工业制作生产之间充满矛盾,具有历史、文化和地方特色的城镇街区不断消失。西方发达工业国家也曾经历过此过程,但凭借它们强劲的经济实力和科学合理的管理方式,缩短了这个过程,减少了损失,拯救了环境。历经四十余年的努力,日本的各项设计事业已进入世界先进行列,涌现出一大批世界级的设计名家。日本国策中将"科技、管理、设计"六字视为振兴和发展日本经济和社会的根本途径和主要焦点。与此同时,美国政府意识到环境设计对城市、社会的协调、控制、管理、制止紊乱和污染所具有的重要功效,由规划师、公共设施师和社会学家首次联手,成立了美国环境设计研究学会,将城市公共设施设计纳入全方位的研究实施中,而且必须在宏观规划指导下发展和实施。

由此可见,现阶段公共设施在世界各国的发展是不平衡的,在欧美等经济发达的城市,公共设施建设是比较完善的,无论是卫生、休息、照明、信息系统,还是配景、无障碍设施系统,给我们的综合印象都是规划合理、形式多样、经济耐用、制作精良。拿美国来说,城市公共设施比较完善,特别是在公共交通设施(图 1-11、图 1-12、图 1-13、图 1-14)、公共信息设施(图 1-15、图 1-16、图 1-17、图 1-18、图 1-19、图 1-20)公共卫生设施(图 1-21、图 1-22)等方面的设计更加人性化,形式新颖,材料和工艺都很考究,体现在很多对人们生活中的细节上的关注,展现了城市风貌和文化内涵。比如城市里大部分是小路斜街,有很多岔路口,每个路口的斑马线旁边都安装有行人自助的红绿灯变换按钮,如果需要紧急通过马路,按下按钮,便可安全通过(图 1-23、图 1-24)。

图 1-11

图 1-12

图 1-13

图 1-14

图 1-15

图 1-16

图 1-17

图 1-18

图 1-19

图 1-20

图 1-21

图 1-22

图 1-23

图 1-24

而在一些发展中国家,公共设施的发展则相对落后很多。历史资料表明,4 000年前的古埃及人已经在城市里建设了完善的排污和垃圾清运设施,1 000年前的中国人更是修筑了当时世界上保洁能力最强的都市——长安。从这个时候开始城市公共设施的雏形便应运而生了,而后慢慢演变成为今天矗立在街头的城市公共设施的现有面貌。

今天的公共设施与古代概念意义的传统小品有着根本的不同,以实用功能为主的工业化批量生产设施产品代替了以精神象征功能为主的手工生产的公共设施。在发达国家,公共设施与城市建设是同步发展,并配套成体系的,相关的法规政策制定也比较完善。欧美的某些学者把公共设施的分类基本纳入城市设计和景观建筑研究之中,所涉及的内容有:开放空间、地标、道路及杂项装饰、道路景观、招牌广告等。这些研究工作开展得很早,其内容和有关规定也相当详细。日本对城市环境设施分类很多,且相当具体。他们在城市和景观设计及其各个要素的研究中,把相关的环境设施及景观作为主要内容,比如,道路景观设计的专项内容就涉及环境设施分类、道路本体(路面装修等)、道路栽植(树木、草坪等)、道路附属物(标识、防护栏等)、道路占用物(电线杆、停车场)、沿道广告(招幌、广告等)、沿道围墙、沿道空地(广场、公园、河川等)(图1-25、图1-26、图1-27、图1-28、图1-29、图1-30、图1-31),以及地下部分(地下通道、地铁车站、地下商业街、地下广场)等等。在研究桥、广场、公园、水景、居住区等专题中尽管出现归属分类等内容的重叠现象,但都有自己独到而深入的方面,与环境设施分类有关的最新资料为丰田幸夫的专题著作,其分类为一般外部空间环境设施(路面、台阶、坡度、坡道、路缘石等)、儿童游乐设施、水景设施、体育设施环境小品、标志、栽植、室外市政设施等。

图 1 - 25

图 1 - 26

图 1 - 27

图 1 - 28

图 1 - 29

图 1 - 30

图 1 - 31

（二）中国城市公共设施设计存在的弊端

    我国的公共设施发展经历了漫长的过程，在历史上也曾有过辉煌的发展历程，但是近代由于工业化起步晚，经济相对落后，公共设施的发展较之发达国家存在很大的差距。近年来，我国城市建设的速度加快，城市面貌可谓日新月异，街道的不断拓宽改造，新老城区的交接与演变，现代化城市已初现端倪。城市的交通、水电、绿地、公园、体育场馆等公共设施日趋齐备。雕塑、景观小品、壁画、喷泉等也成为其中必不可少的元素，不断美化着我们的城市环境。随着城市化进程的加快，公共设施建设有了一定改观，但在这种快速发展和建设的过程中暴露出大量的问题，这些公共设施仍存在诸多不足之处。通过对城市公共设施设计的

研究,发现现有的城市公共设施在设计上存在着很多弊端,人们在其认识上也存在很多误区。主要体现在:

1. 城市基础设施不尽完善

城市环境承载并影响城市中人的各项活动,并为人所参与、感受、认识、改造和创造所有物质。城市的环境状况直接关系着城市市民的健康及城市的文明程度,但我国的不少城市在公共设施建设过程中,基础设施建设不尽完善,绿化系统也不甚健全。城市的街道拓宽的同时,街道两旁的大树却面临被砍光的危险,绿地广场缺乏树木遮阴,避暑之处更是无处可觅。维持城市优美的环境是与市民的环保意识、卫生习惯分不开的。但另一方面,作为城市公共环境设施的设计者,更应该考虑到功能合理的、数量足够的公共设施是市民养成良好的环保意识和卫生习惯的基础。试想,在一个大的公共活动区域竟找不到一个垃圾桶,这必然间接导致城市公共环境的恶化。虽然我们不能使垃圾桶随处可见,但至少它的设置应该满足市民的基本需求(图1-32)。

2. 功能设施缺乏人性化

城市公共设施设计与室内环境设计不同,它属于大众的活动空间,人们各种行为方式的差异,促使公共设施也应具有与之相适应的功能与特性。如老人、儿童、青年、残疾人有着不同的行为方式与心理状态,必须对他们的活动特性加以研究调查后,才能在设施的物质性功能中给予充分满足,以体现"人性化"的设计(图1-33)。布局合理、设计周密的公共设施,能够使城市居民及游客深切地体会到城市建设者及管理者无微不至的人文关怀。具有人性化的公共设施能够给城市带来与众不同的魅力。而我们在建设过程中往往忽视了这些细节。如近几年城市车辆急速增加,停车场的建设远跟不上汽车增长的速度,停车也变得越来越难;城市公交车增加的同时,车上的空调设备却不尽完善;城市的高楼大厦也面临公共卫生设施建设的滞后。此外,城市的公共场所和公共设施,也需更加关注残障等弱势群体的出行需要,这也是构建和谐社会的必不可少的组成部分。

图1-32

图1-33

3. 辅助服务设施滞后

城市的信息辅助系统严重短缺,市民不能迅速便捷地识别各种环境信息和空间。如道路标识、交通指示、问询指示、场所名称等信息设施设置不全或者设置不当,这些都与迅速改变的城市面貌不相协调(图1-34)。场所或景观不仅是让人参观的,更是供人使用的,甚至

让人和谐地成为其中的一部分,而最基本的导向系统都不完善,又何谈成为其中的一部分。

4. 城市公共设施缺乏个性

城市公共设施设计的另一大误区就是千篇一律,缺乏个性,过于程式化。著名的建筑设计大师沙里宁曾说过:"让我看看你的城市,我就能说出这个城市居民在文化上追求的是什么。"他又说:"城市是一本打开的书,从中可以看到它的目标与抱负"。城市公共设施与大众的日常生活关系密切,在实现其自身功能的基础上,应能体现出城市特有的人文精神与艺术内涵,并与建筑一同反映着城市的特色与风采。然而在我们的城市建设中,一条条街道被拓宽,一栋栋高楼拔地而起,老城被改造成新城,而我们却看不到城市的个性了,那些代表着城市文化与风俗民情的符号已经远逝了,以致所有的城市都千篇一律,长此以往,很难想象我们的民族文化还能留下多少。人文环境中未来拥有的历史感和时间性,被日趋统一化和雷同化的倾向所冲淡,人们在世界各地到处可以看到相同的面孔。一个城市的公共设施固然要考虑到整体的统一和完整性,但是不顾周围景观环境、生态环境的一味追求和谐的一致,必将会造成审美上的不和谐。

5. 缺乏和谐的视觉美感

城市的建筑物、街道、公共设施等都是公共艺术,应该用艺术的标准来要求。城市中的任何一幢建筑、一座城雕、一块指示牌或广告牌,无论美与丑,不管是喜欢或厌恶,市民走在路上都必须看它,是强制性视觉。不和谐、不美观的城市建筑物、街道公共设施是一种严重的视觉污染(图1-35)。北京市早期的公交站牌,不但没有起到装点城市的作用,反而增加了候车人的心理烦躁和郁闷。因此,要为市民创造一个美的环境,尽量减少视觉污染,变视觉污染为视觉美感。

图1-34

图1-35

6. 盲目引进照搬

由于中国建筑设计教育起步较晚,使得中国设计师的整体水平与世界一流水平有一定差距。但是,为了不影响中国同世界接轨的脚步,一些适合和不适合的国外知名设计师的设计作品被盲目引进,出现在中国城市的大街小巷。他们中的一些漠视中国文化,无视历史文脉的继承和发展,放弃对中国历史文化内涵的探索,是对城市公共设施设计的误解。拿Philippe starck设计的一款路灯为例:其设计理念采用欧洲中世纪骑士手中的长矛造型,材料采用钢质材料,被业内专业人士认为是新颖独特的创意。但将其置于中国北京这样一座蕴含着浓郁的中国传统文化的城市氛围中,似乎有不协调之嫌。

（三）城市公共设施设计的发展趋势

在 21 世纪,伴随着人类社会的信息化进程,休闲经济将成为社会的主导经济。在美国,为休闲而进行的各类生产活动和服务活动正日益成为社会经济繁荣的重要因素。由此人们的生活方式将会发生很大变化,公共设施也会随着发生变化。人们对于体验与互动的要求逐渐增强,公共设施的发展就是要满足人们的需求。

1. 公共设施智能化、信息化的发展趋势

现代公共设施是一个综合的、整体的有机概念。它不仅仅只是实用或装饰两大功能。实际上城市公共设施的设计是伴随着一场场的技术变革不断发展的,一步步向智能化迈进,技术生产方式的进步使原来不可能实现的设想成为可能。所以在信息时代的今天,信息资源在人们的生活中起到了至关重要的作用,因此仅仅把公共设施作为城市必备的"硬件"来处理是远远不够的,在未来的设计中应该更多注重"软件"的应用。

在现代信息社会高度发达的技术支持下,每天生活都在发生着巨大变化的我们,对于出行的要求,更多时候已经不可能再像过去一样,仅仅依靠记忆来到达目的地的过程。而且交通工具技术的进步,实现了人类可以用很低的成本在很短的时间内跨越大洋到达不同的国家或地域。换而言之,将来的社会随着经济、文化交流的进一步开展,与不同种族、不同国家的交流也将不断扩大。同时我们出行的时候,对于在完全陌生的环境中,如何简单地获得急需行动支援信息也是出行之前必须探讨的一个问题。所以,仅仅凭借传统上以形象传达为目的的 VI(全称 Visual Identity,即企业 VI 视觉设计)系统,将很难完成对于来自不同地域人的行动支持的功能。为解决这一问题可以考虑在城市街道上设计一些定位导航设施,现代城市虽然在一些公交站牌上配置了地图和车站线路,但是许多方面指示并不是很明确,而且对于国外旅游者来说,语言文字不同,信息也无法识别,拆除不合理的标识牌,设计电子定位导航设施是发展的趋势,其应用软件方便、高效。设置不同语言版面,满足不同地域人们的需求,触摸式屏幕使出行者更快知道自己所处位置,以及怎么到达目的地,不仅满足了城市人们的生活需求而且美化城市环境,提高城市品位,给世界人们留下美好的印象(图 1 - 36、图 1 - 37)。

图 1 - 36

图 1 - 37

计算机技术及网络技术的发展带动了自动系统的兴起,一些城市公共设施单一不变的功能识别已被可以触摸选择的电脑智能化的咨询库所替代。法国某一知名的照相公司已经成功地把该公司所属的自动照相机亭安装了与因特网接头设备,让前去照相的人们,都能免费发出录像邮件与电子邮件。安装了这些因特网免费接头,使人们能够随时与合作联网单位,进行联网咨询。计算机及网络技术也可以应用于食品业,国外企业开发了一种可以使人们在几分钟之内拥有一份热饭菜的熟食自动贩卖机。在美国许多地方都启用了生物识别系统来协助辨别身份,比如公园、展览馆等持有会员卡的游客可以通过指纹获得入园许可。使用生物识别系统,管理者不再每年对持证人员进行照片审核,也不用担心有人将证件出借或遗失,它使人们通过关卡速度更快。在某些商业、金融业和军事领域,视网膜识别系统也开始投入使用。

2. 公共设施人性化的发展趋势

城市中的公共设施以其服务人们的工作、生活和供人们欣赏的双重功能,方便人们和美化城市。人是城市环境的主体,因而设计应以人为本。所以,城市公共设施的设计应注重对人的关注,加强以人为本的意识,包括对人们行为方式的尊重。所谓人性化设计是指在符合人们的物质需求的基础上,强调精神与情感需求的设计,它综合了设计的安全性与社会性,注重内环境的扩展和深化,做到以人为本的设计,细微之处见高低。从为人服务这一功能的基石出发,需要设计者设身处地为人们创造美好舒适的环境空间,因此城市公共设施的设计者也需加强对人体工程学、环境心理学、审美心理学等方面的研究。如果设计者把这些元素融入到设计理念中去,无疑会为城市公共设施的设计带来意想不到的效果。在城市未来的公共设施中,人性化设计势在必行。

人性化设计主要体现在以下三个方面:一是满足人们的日常需求与使用的安全;二是功能明确、方便,符合人体工程学要求;三是对自然生态的保护和社会可持续发展。从使用者的需求出发,提供有效的服务及省时、省力的设计,将是今后公共环境设施设计的发展方向之一,使用者不但能有效使用,同时在设计上避免使用者的粗心或错误操作而受到伤害。

世界最先进的自动售票机的设计就有下列功能:

(1) 可选择吸烟、禁烟区。

(2) 若搭乘头等舱,则可预定在座位上用餐。

(3) 可指定坐席的类型、位置(靠窗、面对面的座位等)。

(4) 可预定往返的座位。

(5) 可变更、预定所希望搭乘的列车。

预定完成时,画面会显示发车的时间、费用,只要投入钱币,车票就会出来,无需排队购票,十分便利,最大限度地满足了人们的需求。现代公共设施设计的目的就是极大的满足人们的使用需求。发达国家的火车站设计,使旅客避免了过多地上下台阶、走天桥,地铁直通火车站内大厅。各类环境设施如电话亭、自助售票机、自动查询机排列成行;标识牌指示明确,有台阶的地方设置了残疾人专用升降电梯,设立残疾人汽车无障碍停车位,体现对社会弱势群体的关爱,人人都可以平等且无偿地享有在户外进行活动的权利,努力创造一个公平、平等的社会环境。

此外,现代公共设施设计还应考虑所适应的地区气候、风土人情、人的生活习惯等人性要素。公共设施的设计、施工和使用反映出一座城市的文化基础、管理水准以及市民的文化修养。公共设施的设计不能停留在表面层次上,而是包含在文化形象中的空间景观环境,更需要与时代发展相适应,运用高技术,注入情感因素,进行高品质、高层次的设计与运用。时代的发展给公共设施提出了更专业、更细化的要求,这就要求我们的设计师们,更好地结合环境功能要求,发挥自己的创造力,设计出更多更好的公共设施产品,服务于社会,便利人们的公共生活。人性化设计对设计师的要求如下:首先,要求设计师具有人文情怀,能够自觉关注以前设计过程中被忽略的因素,能关注社会弱势群体的需要,关注残疾人的需要等;其次,要求设计师熟练掌握人机工程学等理论知识并能运用到实践中去,体现设施功能的科学性与合理性;再次,要求设计师具有一定的美学知识,具有审美的眼光,通过调动造型、色彩、材料、工艺、装饰、图案等审美因素,进行构思创意、优化方案,充分满足人们的审美需求。

3. 公共设施多元化、专业化的发展趋势

不同阶层、不同年龄的人在不同场所对公共环境设施有着不同的要求。科技的发展为公共环境设施由单一走向多元化提供了生产制造条件,同时新产品的发明也带动了与之配套的公共设施的开发。例如:自行车的发明向我们提出了如何解决规范车辆停放和美化环境的问题。电信业的发展向我们提出了公共电话亭设计的问题。电脑技术的出现又促进了相应的自动提款机、卖报机、查询机等自动售货、查询设施的出现。公共设施已经从传统意义的喷泉、饮水器、座椅等单一的几种产品转向了多品种、专业化的趋势。如自动系统分类已由单一的饮料机,向自动售票机、自助检票机、自助售烟机、自助提款机、自助卖报机等多层次专业化发展。在西方发达国家,咖啡、糖果、甜食等的自动贩卖机已进入消费者的习惯之中,而且随着时代的发展,新的环境设施还将不断地出现,公共设施设计正从单一的种类走向多元而且进一步走向专业化。

随着手机的普及,在我国曾经备受宠爱的街头 IC 公用电话正渐渐地被人冷落和遗忘,甚至被恶意破坏。据统计,2004 年至今,在我国一些大城市每天平均有 2 部半公用电话遭破坏,被盗设施的价值累计达 500 多万元。同时,大部分电话亭都陈旧破烂。亭子污迹斑斑,电话卡插口处已大块地掉色生锈,亭盖里贴着各式各样的广告——办理车牌、办理证件、招聘电话等。亭盖上原有使用方法的说明介绍被"牛皮癣"遮盖,这样的电话亭没有起到应起的作用还影响城市面貌(图 1-38、图 1-39)。手机使用率远远高于电话亭,但是考虑到一部分群体的需求,电话亭不能取消,因此可以考虑电话亭功能多样化,电话亭摆放位置以及功能全面化问题是设计者应该考虑的重点(图 1-40、图 1-41、图 1-42)。可以在有电话亭的地方设置手机街头充电设施和销售手机充值卡的自动贩卖机,设计者要考虑到安全性,在手机充电的时候,可以设置密码箱存放手机,以免机器丢失。还可以借鉴发达国家的一些经验,在日本,人们可以看广告免费打公用电话,两家公司计划用三年时间在日本全国设置 10 万部免费公用电话。据了解,在拨打这种免费公用电话时,用户首先拿下话筒拨打电话号码,之后液晶画面上会出现约 15 秒钟声像并茂的广告,广告结束后电话就会接通。如果你拨打的是固定电话,你可以免费通话 9 分钟;如果你拨打的是手机,则至多只能免费通话 1 分钟。这种理念无疑可以达到双赢的目的,值得借鉴。

图1-38 图1-39

图1-40 图1-41 图1-42

4. 公共设施生态化的发展趋势

自然生态环境是人们赖以生存的基础。随着噪音、拥挤、污染、疾病等城市问题越来越严重,人类的生存受到前所未有的威胁。因此,不滥用资源、不破坏环境的观念,提倡一种生态型的城市景观已成为人们的共识。城市公共设施设计的生态化设计主要是指在其原材料获取、生产、运销、使用和处置等整个生命周期中密切考虑到生态、人类健康以及安全问题。具体而言,就是应该考虑选择对环境影响小的原材料,减少原材料的使用,优化加工制造技术,减少使用阶段的环境影响,优化产品使用寿命及产品的报废系统。例如我国上海、重庆等城市公共设施设计上采用和自然息息相通的材料,使城市公共设施的质感与自然和谐融合,这种取于自然、归于自然的表现手法,使城市公共设施的营造充满活力。

以重庆市为例,城市公共设施最常见的材料有竹材、木材、青石板等,它们之所以会成为大量采用的材料,是和当地的地理环境、气候条件密不可分的。竹、木材属于轻质材料,能够方便人们在坡地上建造居室;过于潮湿的气候会影响地基的牢固度,因此采用青石板可有效地消除这些安全隐患。从经济的角度来讲,竹、木材在潮湿的环境下容易损坏,但是两种材料在重庆资源都非常丰富,而且设施构件都可以灵活拆卸替换,因此不管是人力还是财力都不会消耗过多。除此之外,在重庆城市公共设施的设计中,大量采用这三种材料也达到了体现地域特色的目的。因为采用这些材料的意义已经不仅仅在于其本身,更多的是因为它们已经成为重庆地区城市特征、建筑文化的一个重要组成部分。看到它们的色彩,触摸到其特有的质感,就能够引起人们对于重庆文化的一种联想(图1-43、图1-44)。

图 1-43　　　　　　　　　　　　　　　　图 1-44

四、公共设施设计的范畴

公共设施的应用及分类

随着人类文明的发展和科技的进步,人们对生活环境的要求也日益提高,从身边的小区景致到街心及广场的布局与陈设,以及公园、纪念馆、学校等公共场所的形与色,空间与体量,功能与活动,日益受到人们的瞩目。而在这些公共空间环境中,与人们最能"亲密"接触的就是公共设施,通过其多变的形式、丰富的体量及便利性和情趣性,不仅从视觉上满足人对环境美的要求,还从功能上满足了人对环境的各方面需求。公共设施在不断地完善和发展,由最初的公共座椅、公共雕塑、凉亭、喷泉等,发展为公共电话亭、候车亭、自动提款机、自动售货机、路牌、路障等等,给人们生活、生产和学习提供了更大的自由空间,给人们的生活带来了更多的精彩与便利。

随着公共空间环境越来越被人们关注,公共设施设计的内容和形式也日益丰富,现代人们的生活领域逐步向公共空间延伸,这样就要求我们对公共设施设计提出新的要求,其应用性主要体现在:

(1)它有一定的包容性,假如一个环境场所当中的各类公共设施作为一个整体的空间,那么对于这样一个空间内容研究就是要研究各个部分"场",要对"场"的地域特征、来往人群、环境氛围进行详细的考察和研究,根据不同"场"的要求进行实地设计。

(2)它具有开放性特征,是相对外部空间的设施,它所形成的空间环境,在影响人类活动的同时,也影响其他环境,具有联系环境的作用。公共设施作为环境的一部分,一定要与环境相呼应,既有自己的独立特征也要有与环境呼应的特点。

(3)公共设施与它所处的不同性质的空间环境,有着不断变化的特征,所以它具有非平衡性特征。同类型的公共设施,运用到不同环境中,其局部细节或功能要求也随着变化。

(4)随着社会、科技和时代的发展,人们本身的生活方式发生着变化,人们的审美意识也发生巨大的变化,这就要求设计师们的创作思想空间扩大,随之公共设施网络的种类和构思框架也不断扩增。

在整个环境设计当中,我们要根据公共设施与建筑和景观环境的整体关系,给予公共设施以更多的设计表达内容,在合理的构筑和设置满足了简单的基本功能的要求下,还要考虑公共设施设计与环境设计的建筑发展关系。激发城市整体环境的活力,体现较高的社会和经济效益,满足现代化城市未来发展的要求,从这些方面,实际上公共设施设计也担负着一定的城市大环境建设的任务。公共设施设计的水平高低决定着城市的发展水平,新的设计思想要求必须新颖独特,技术运用要有特点,制作要精良;城市和文明的发展不仅体现了人性化环境设计,还体现了现代品质和现代文明。

公共设施的分类有很多种,按照功能分可分为如下几种类型:

1. 公用系统设施

公共设施系统是城市发展的产物,并随着经济和科技的发展日益专业化、人性化和科技化,因而,公共设施的类型也越来越多,日趋系统化。公用系统设施主要包括交通设施、信息设施、照明设施、服务设施、卫生设施、休息设施、游乐设施等。

(1)公共交通设施

城市空间环境中,围绕交通安全方面的环境设施多种多样,其作用也各不相同,大到汽车停车场、人行天桥,小到道路护栏、公交车站点都属于交通设施。我们周边环境中通常接触到的还有通道、台阶、坡道、道路铺设、自行车停放处等交通设施(图1-45)。

(2)公共信息设施

信息设施种类繁多,包括以传达视觉信息为主题的标志设施、广告系统和以传递听觉信息为主的声音传播设施。在日常生活中具体接触到的形式主要有:标志、街钟、电话亭、钟塔、音响设备、信息终端、宣传栏等(图1-46)。

图1-45

图1-46

(3)公共照明设施

现代城市离不开公共照明设施系统,城市的功能逐渐复杂,人们的生活内容越来越丰富多彩,夜间活动也较为频繁,城市夜景照明效果的提高成为人们新的视觉要求。主要照明设施有:路灯、广场景观灯、园林灯、建筑立面照明、水景照明、发光广告、霓虹灯、商业橱窗、街道信号灯,甚至流动的汽车灯等各种灯光和灯具结合起来,形成丰富的城市夜景和独特的城市文化(图1-47)。

（4）公共卫生设施

卫生设施主要是为保持城市市政环境卫生清洁而设置的具有各种功能的装置器具。这类设施主要有：垃圾箱、烟灰缸、雨水井、饮水器、洗手器、公共厕所等（图1-48）。

图1-47　　　　　　　　　　　图1-48

（5）公共服务设施

服务设施主要指为便利人们购物、存储、咨询等活动而设立的公共设施，包括售货亭、电子取款机、电子问询处、服务站等服务设施，为人们外出购物或观光时买食物、生活用品及问询、取款等提供方便（图1-49）。

（6）休息设施

休息设施是直接服务于人的设施之一，最能体现对人性的关怀。在城市空间场所中，休息设施是人们利用率最高的设施。休息设施以椅凳为主，适当的休息廊也可代之，主要设置在街道小区、广场、公园等处，以供人休息、读书、交流、观赏等（图1-50）。

（7）游乐设施

游乐设施通常包括静态、动态和复合形式三大类，适合它们的人群有所不同。儿童和成年所需设施在活动内容和活动场地规模方面均有很大的区别，本书仅介绍儿童游乐设施和老年人健身设施（图1-51）。

图1-49　　　　　　　　　图1-50　　　　　　　　　图1-51

2. 景观系统设施

景观系统设施作为城市景观环境的组成要素,通常有硬质与软质之分,如建筑小品、传播设施、景观雕塑等由各种人工要素构成的属于城市硬质景观设施;具有自然属性景观要素的如绿化、水体等属于软质景观设施。

(1)建筑小品

建筑小品作为建筑空间的附属设施,必须与所处的空间环境相融合,同时还应有其本身的个性。在建筑空间环境中除有其使用功能外,还应在视觉上传达一定的艺术象征作用,有些建筑小品甚至在空间环境中担当主导角色,具体包括围墙、大门、亭、棚、廊、架、柱、步行桥、室内小品等(图1-52)。

(2)水景设施

水是自然界中最具灵气的物质之一,是装点城市空间环境、表现生命动感的重要因素。按水景形态可分:池水、流水、喷水、落水、亲水等水景设施,反映出水体存在着平静、流动、跌落和喷涌四种自然状态(图1-53)。

图1-52   图1-53

(3)绿化设施

植物是自然界最具生命力的物质之一。绿化则是以各类植物构成空间环境景观,是体现城市环境生命力的重要因素。具有绿化设施特征的主要有树池、盆景、种植器、花坛、绿地等(图1-54)。

(4)传播设施

传播设施是城市空间环境中具有一定商业作用的环境设施,一般有壁画、道路广告、灯箱、商业橱窗、立体POP、活动性设施等(图1-55)。

(5)景观雕塑

景观雕塑以其实体的形体语言与所处的空间环境共同构成一种表达生命与运动的艺术作品。它不仅反映着城市精神和时代风貌,对表现和提高城市空间环境的艺术境界和人文境界均具有重大意义,同时具有美化环境的作用(图1-56)。对景观雕塑进行分类的方法很多,按其艺术处理形式可分为具象雕塑、抽象雕塑和装置构件;按其在城市环境中的功能作用不同,可分为纪念性景观雕塑、主题性景观雕塑、装饰性景观雕塑、象征性景观雕塑等。

图1-54　　　　　　图1-55　　　　　　图1-56

五、公共设施的基本要求与特点

公共设施是连接人与自然的媒介,起着协调人与城市环境关系的作用。我们要根据人们的生活习惯和思想观念的变化,不断设计出新的能够满足人们生活需求和精神需求的公共设施。公共设施设计的内容包括:"形式"和"内涵"两个方面。"形式"——公共设施设计给予的第一视觉效果,即其造型与其他设计要素的结合方式如何;在设计其形式的时候,要与周围环境相协调,注意色彩的搭配与对比,体量的大小,形式的实用性及灵活性。"内涵"——公共设施设计的文化价值体现,性质的深层内容的内在体现。通过其内在的设计信息,体现不同区域、民族的地方特色。

在设计的同时,还要注意公共设施设计的多重性、多义性。公共设施设计是门综合的学科,涉及人体工程学、社会学、艺术设计学的相关知识。在设计设施时,应按照一定的结构形式,符合人类使用的人机工程学规范,来作为设计制作的依据,运用先进的技术和设备合理地解决制作实施等问题,遵循理性的构思方法,建立科学的逻辑设计思维,完成设计的科学性。设计的同时实施者必须根据人的需要和社会活动规律,符合人的使用功能和精神需要,创造一种社会道德和行为的秩序。我们在设计的过程中就要依据这种秩序来创造人类综合使用的设施产品。我们在设计的过程中还要符合人的社会群体心理;设计的最后我们要注意公共设施的艺术性,因其存在一定的空间环境中,这种空间的性质就决定了设施需要通过一定的形态来表现其设计内容,必须按照艺术构成方法和人的审美特征创造一定的艺术设计形态。达到人的视觉和心理享受。

同时,公共设施的创造过程是一个多主体的社会性群体行为。从公共设施的设计创作前期策划、设计过程、设施生产,至最终人们使用和反馈意见,到再次提高新设施的设计和生产,整个过程有很多人的参与。社会的进步、科技的发展,为公共设施设计、评价、再创造不断提出了新的要求。很多公共设施产品设计从不同的角度去观察和评价,便可以得到不同的结论。所以,公共设施设计和生产是一项多主体的创造过程和多主体的评价对象,它的发

展进步渗透了公众的智慧与劳动。

公共设施是人们在公共环境中的一种交流媒介，是作为公共空间的重要组成部分，一直为人们生活的方方面面提供便利。其便利性可归纳为以下几点：

（一）方便休息

当人们由于工作和学习，行走于城市的各个地方的时候，都希望在闲暇时停留一下，缓解一下疲劳，这时公共休息设施就发挥其方便休息的作用，为行走的行人提供暂时站脚休息的位置，或街边或公园、校园里、办公大厅内，只要有了公共休息设施的身影就有了温馨和惬意的氛围。

（二）提供照明

当电灯走入人们生活的时候，不仅给黑夜带来光明，还让人们的黑夜白昼化，很多事情不再受黑夜的困扰。随之而来的夜晚室外活动也丰富起来，这时的照明设施就凸现了它自身的特色。通过自身照明功能，不仅给黑夜带来光明，还通过不同的光的组成形式和多样的灯体造型形式，丰富着空间的色彩和体量，使夜晚更加富有情调和迷幻。

（三）指示方向

随着城市的发展，道路也像蜘蛛织网一样越织越大，越织越密，路多了自然不好认，为了方便游人识路，路标应运而生。路标的形式灵活多变，可以借墙身、花坛、雕塑等，也可以单独以个体展示，或是简洁的支杆上挂几个指示牌，或是设计很别致的指示标牌，都为人们识路提供了便利。

（四）便利生活细节

忙碌的都市生活中人们有好多细节需要考虑，如口渴要带水、加班要带饭、买报纸要去报摊、买必需品要去商场，而很多时候没有时间去做这些琐事，这时公共设施就发挥了它的便利性。如在公共地段设饮水器，在街头设置小商品售货亭或设自动售货机，在办公楼或学校周围设自动售报机，方便人们的生活细节要求。

（五）休闲娱乐性

在紧张的城市生活中，人们为了获得再次工作和学习的热情，往往需要一些场所和设施来满足他们的需求，因而休闲娱乐设施应运而生。如广场喷泉、健身器材、活动休息场所等等，为喧嚣的城市带来闲暇的气息，让人们在休闲的空间中得到最大的愉悦。

六、公共设施的功能

城市是由住房、公园、景观、交通工具等很多元素组成的，其中城市的公共设施作为城市不可缺少的元素，组成城市的形态。这些不同元素的集群，构成不同城市各自不同的特点。

在城市形态中，这些元素并非仅仅为自身而存在，作为城市的器官，互相依靠维持着城市的生命。其中公共设施在城市建设和发展中不仅扮演着维持城市生命的角色，还吸引着人们加入城市中，成为城市的细胞。作为城市家具的城市公共设施不仅要解决其功能的问题，创造舒适的环境，而且还要激发、引导城市形态的发展。处于城市环境的公共设施不应该仅仅成为单一的应用产品，还应该起到促进社会发展和宣传甚至教育的作用。并且随着交往和休闲空间的增加，建筑内部必须能容纳多样化的活动，尤其是与城市空间临界的区域，这些活动包含休闲、社交、购物等等。因为多样性的活动能够为相邻的城市场所增添活力，有助于促进该地段的发展，所以，必须充分考虑公共设施的设计问题。事实上，发展公共设施领域已经成为许多国家城市开发项目的设计原则，并且也被认为是当代建筑师应该承担的社会和政治责任。公共设施的功能主要体现在以下几方面：

（一）使用功能

如果设计师不清楚了解使用者在公共场所的基本需求及设施在环境中的作用，便谈不上优化环境，更谈不上体现设施的功能。为人们的户外活动提供使用功能，是卫生与休息服务设施设计的第一功能。户外的公共环境与室内环境不同，它属于大众的环境，人们各种行为方式的差异，促使环境设施应具有与公共环境相适应的功能以及相适应的空间需求。如老人、儿童、青年、残疾人有他们不同的行为方式与心理状况，必须对他们的活动特性加以调查研究，才能使公共设施的相关功能得以充分体现。如步行街、居民区或公园内的垃圾箱，设计时应根据人们一定时间内倒放垃圾的次数、多少、倒放的种类与清洁工人清除垃圾的次数等来决定它们的容量与造型，并考虑垃圾箱的放置地点，以便使垃圾箱更好地满足人们的使用需求。如果缺乏"人性化"设计，缺乏对功能的研究，便会出现种种不协调的现象。如城市广场只追求景观效应，种植大面积草坪，缺少树木绿荫，缺乏生态效应，路人在烈日下行色匆匆，便谈不上休闲观赏；公共场所缺少公共厕所，行人为"方便"而四处寻找，女厕中厕位的不足，导致出现排长队等候的现象；吸烟的人由于没有烟灰缸而四处乱扔烟头，造成对环境的污染……没有"人性化"的设计，就谈不上提高大众的公共生活质量。公共设施的使用功能更多是通过人性化的设计予以实现的。

（二）美化功能

美化功能在公共设施的设计中占有重要的地位。情与景的交融，让使用者在与公共设施相互作用的关系中得到美的享受。公共设施在服务于人、满足于人的同时还应取悦于人。公共设施的造型表情在不同的文化背景中具有不同的象征意义，表现不同的情调，常与人们的审美心理产生对应的关系，以美的视觉效应陶冶人们的情操，给人带来愉悦的同时，营造了充满人情味的情感空间。环境设施的美还体现在对细节的处理上，如融于环境中的廊道棚架，朴实自然并提供休闲、观赏的公共座椅一改直线型的布局，采用弧线的形态，独特的摆设给人带来视觉的愉悦；各种人工设施与自然景观的有机结合、交替出现，消除了它们之间的不协调，使环境空间更增添艺术美的氛围。这种美化功能同时肩负着美学的大众普及职能，并会长期影响和作用于我们的社会。

（三）保护功能

公共设施的保护功能体现在两个方面：一是对生态的保护，对环境小气候的改善，如于绿化带、水景边上设置垃圾箱，使人们不至于乱扔垃圾，影响环境的美观；二是对人的保护。人们在室外活动中，对自身行为和不可预测的自然因素可能带来各种伤害，某些公共设施的设置可以使人们避免这些伤害，消除危险，以免事故的发生。如于上坡下坡处设置扶栏，为腿脚不便的人群提供方便；街头巷尾摆放座椅，为人们提供随时的休息；交通要道边的各种设施，对车辆运行进行积极的控制，以确保人车分流，对人们起到拦阻、警示的功能。公共设施的保护功能是形成良好的公共环境秩序，保证人们正常室外活动安全不可缺少的因素。

（四）综合功能

公共设施的功能往往不是以单一的功能形态出现，而是集多项功能于一体，尤其对于特定环境中的公共设施，更体现其综合的功能。如广场边的售货亭，除应造型独特增添环境的美感外，还应配置一定的休息椅凳、垃圾箱等，这不仅可为路人带来生活的方便，更可让路人得以短暂的逗留休息，赏景聊天；公共路灯，既可装饰城市的夜景，同时又提供必要的照明……公共设施的功能有不同的层次，除了是对物的使用外，还需进一步延伸，从设施的材料、特征与结构等细节上，显示并传递出它们的信息：时代风貌、地域特色、民风民俗等。如果将公共设施简单地理解为是对物的使用，这只会令公共环境变得平淡无味。只有使公共设施"人尽其兴，物尽其用"，发挥主体与客体的互动作用，才能使公共环境达到舒适、安全、卫生与文明的要求，才能使人们的休闲、娱乐、交往、观赏、学习、购物等活动得到充分体现，真正创造城市环境中人的活动天地。当公共设施的设计与城市的整体环境相协调、相融合时，它们的综合功能便越加完善。

第二章
公共设施设计的设计
理念及设计方法

一、公共设施设计的设计理念

公共设施从大的方面说可以作为一个系统去设计，它属于一个城市，就必然要融入整个城市的设计系统。这就类似于应用工业设计方法设计一个系列的产品一样，其中思想方法是相同的，主要运用工业设计中的系统论。比如，城市中的汽车停靠站的公共设施就不能与小区的设施一样，在这个系统中公共设施除了要满足候车这一功能外，还要把其设计风格统一起来共同反映这个城市的特色。公共设施在不同的城市，其设计风格都会有或多或少的不同，但其设计将会统一一种风格将整个城市有机地联系在一起，对该城市的特征及风格起到一种很好的宣传作用。从工业设计方法论中寻找公共设施的设计方法，单个公共设施的设计主要考虑两个方面：一是环境，二是人，这是公共设施设计的重点考虑方向。从环境上考虑，春城昆明与首都北京在公共设施的色彩选择上应有所不同，多雨城市与少雨城市在公共设施设计上的重点也会不同，不同功能性的城市对于公共设施需求也不一样。对于公共设施，不仅仅是某区域的单元体要素，如脱离特定的环境而"自我表现"，要因地制宜地设计与该区域相适应的多样化、有个性的公共设施，不仅丰富城市形象，更是开放性文化价值体系的试验与创新。公共设施的设计还要考虑到人的生理和心理方面的因素，例如座椅，作为最常见的公共设施，座椅自身尺寸所占的空间一定要适合座位上的人。从人的心理考虑，座椅在树荫下、水池边，或离汽车道较远的道路旁设置则更易受到欢迎。而且，对于座椅设计每个人所隔的空间也要经过研究才能设计出适合公众的座椅。这些都是运用了工业设计中的设计方法，这些理论对于公共设施的设计有很好的指导作用。人和环境都是在不断变化的，不同的时代对于公共设施的需求会发生变化，当然对于公共设施的设计也会随着时代发展而不断发展。

公共设施除了要满足人的生理、心理需要之外，还要起到审美、宣传、教育的作用，所以在设计公共设施的时候就要考虑这些方面的要求。要把公共设施看成景观来进行设计，让它们体现并符合所在城市的民俗风范、地理气候特征。

（一）公共设施的形式与环境的融合

公共设施是城市整体环境的组成部分，公共设施艺术的存在形式或依附于公共设施，或依附于街道、广场、绿地、公园等物质形态，公共设施设计应当从整体出发，妥善处理局部与整体、艺术设计与环境的相互关系，力图在功能、形象、内涵等方面与环境相匹配，使环境空间格调升华。

每个城市都有各自的生态环境，城市公共设施设计必须考虑其存在空间的生态环境，注意设施与自然环境的和谐统一。顺应自然环境，又要有节制地利用和改造自然环境，实现自然环境与人的生活的和谐统一。设计应该充分考虑到周围绿化用植被随时间、季节变化的规律、自然条件的制约等等。有的城市四季如春、气候湿润，在城市公共设施设计之初就要考虑到街道两旁种的是什么花，栽的是什么绿化植物，这些植被的开花期、花的颜色等等。只有这样，所设计的城市公共设施才能与周围的生态环境很好地融合，使街景更美丽。还有些城市四季分明，常年被白色的冰雪覆盖，这些城市的公共设施在设计上就应该考虑多采用暖色调，来平衡和调节周围环境带给人的寒冷的感觉。又由于一些城市和地区受到温度、湿度、气压、气流等自然因素的限制，在设计城市公共设施时就要把材料的抗寒性、耐腐性等一些因素考虑进去。否则，设计师千辛万苦设计出来的城市公共设施再美，还未经得起人们的驻足，就已经寿终正寝了。城市公共设施的设计要与城市的生态环境很好地融合，具体体现在以下几个方面：

1. 造型

公共环境系统中的公共设施的造型体现，应以人的活动为主题，避免雷同的概念性形象，应以智慧性的主题表现，富有生命力的直观性特征为主旨，呈现设施的多样性，同时在视觉上产生与环境的呼应。这不仅取决于设施的功能与材料，更取决于对设施造型的控制，使公共设施与环境产生共鸣效应。

人和设施在一定的环境中沟通互动，需要相应的传播媒介传递信息，这种传播媒介便是发自设施自身的造型语言。设施的设计需要根据使用者生活的各种要求和生产工艺的制约条件，将各种材料按照美学原则加以构思、创意、结合而成。其造型语言体现的是设施组成的各个要素和整体构造的相互关系。如游乐场所中的公共设施，使人们能够在其活泼多变、生动可爱的形象中寻找乐趣，在旋转、波动、离奇的装饰中感受刺激，体验整个休闲娱乐环境的氛围（图2-1、图2-2）。而纪念性广场则体现沉静、崇高的性格：长长的轴线，对称的布局形式，使环境的各类设施也相应具有相同的庄重与力度（图2-3）。不同场所设施的造型相差甚远，公共信息系统设施的造型就应结合环境特征，协助人们识别地域，体验空间带来的情趣（图2-4）。

图 2-1

图 2-2

图 2-3

图 2-4

公共设施是具体的、可感受的实体,其造型可抽象为点、线、面三个基本要素。点,是最简洁的形态,可以表明或强调位置,形成视觉焦点。线,不同形态表现不同的性格特征:直线表现严肃、刚直与坚定;水平线表现平和、安静与舒缓;斜线表现兴奋、迅速与骚乱;曲线代表现代美,柔和与轻盈。如果线的运用不当会造成视觉环境的紊乱,给人矫揉造作之感。形态各异的实体表面含有不同的表情,决定了公共设施总体的视觉特征。点、线、面基本要素及相互之间的关联,展现出的丰富多彩通过分离、接触、联合、叠加、覆盖、穿插、渐变、转换等组合变化,使公共设施造型达到个性化的表现,令人们识别的同时与环境空间相融合。

2. 空间

在考虑公共设施的形式与环境融合的同时,还要注重空间与人的关系。人离不开空间,空间是人在地球和宇宙中的立足之处,空间使无变为有,使抽象变具体。随着经济文化事业的发展,市场规模扩大,交通和通讯网络愈加密集,信息、资源和人口日益集中,使得人类不断建设、创造自己的活动与生活空间。城市的空间不仅是形象,公共设施不仅是摆设,更体现着这个城市的文明程度。

空间与人,犹如水与鱼,唯有空间的参照才能凸显人的存在。对于一个容纳人的空间来说,它需要使之变得有序,空间中人与空间里的公共设施构成了一种主从关系。现代人通过营造居住、活动和旅游的空间,追求丰富的身心愉悦;生活空间艺术、装饰、庭园绿化等已经成为人们生活的必要的部分。现代人的生活空间狭促、公共空间被侵占、空间协调的破坏、整体空间缺少延续性而是拼接化,这让行走在城市中的人感觉窒息与困惑。人在环境空间

中通过不同的体验获得多方面的感知,包括对空间的感知,在公共设施设计中充分满足他们体验的要求,才能实现空间的效益,这是环境优化的先决条件。

不同地域特有的地形地貌和与之俱来的居民风土人情或性格之间都有着一定的联系,如辽阔草原牧民的豪爽、江南人的精明能干等,由此都可看出环境对人的性格塑造所起的作用。因此环境空间、社会因素和人的行为、心理之间存在着一定的联系。空间环境会对人的行为、性格和心理产生一定的影响,同时人的行为也会反作用于环境空间,尤其体现在城市居住区、城市广场、街道、商业中心等人工景观的设计和使用上。

生活空间与人们日常的行为关系大致分为三个方面:

(1)通勤活动的行为空间:主要指人们上学、上班过程中所经过的路线和地点,包括外地游览观光者在内,对公共设施空间的体验是对由建筑群体组成的整体街区的感受。公共设施设计在这个层面上应当把握局部设计与整体的融合。

(2)购物活动的行为空间:受到消费者的特征影响,商业环境、居住地与商业中心距离的影响,人们除了完成身心愉悦的购物行为外,还存在休闲、游玩等行为。在这个层面上,良好的公共设施设计是展示城市形象的重要途径之一。

(3)交际与闲暇活动行为空间:朋友、邻里和亲属之间的交际活动是闲暇活动的重要组成部分。这些行为的发生往往会在宅前宅后、广场、公园、体育活动场所及家中进行。因此,涉及这些行为的场所设计也是公共设施设计的主要内容。

以上在空间中的三种行为与相应的公共设施设计是截然不可分的,它们之间存在着密切的联系,在具体的项目设计时要通盘考虑,突出重点。由于这些交往形式绝大多数发生在公共环境中,不同的交往所需的空间距离、环境条件都会有所不同。如60 cm左右的距离属于两人之间的私密空间,并可能发生身体间的接触,而第三个人在通常会自动远离这个范围。所以一般环境中,人的活动空间应保证占到50 cm以上。这样的空间范围,不会感到拥挤,避免产生焦虑感。人的行为还与空间及公共设施的尺度有关,在狭窄的通道上,人们会有紧张的心理;在宽敞的空间中,人们的心绪就比较平静,会感觉轻松,从而放慢速度。公共空间作为社交生活的主体媒介,就要促进人与人、人与物、物与物之间广泛地交流与沟通,创造良好的交往空间,这是维系并实现个人与群体、个人与社会联系平衡的条件。

(二)公共设施的色彩与材质的美感

公共设施不仅是造型和功能的设计,任何公共设施都是依托色彩与材质表现出来的,色彩是公共设施的性格,材料是公共设施的支撑。色彩的搭配需要与造型、材质等外在的形式要素协调,并要通过一定的工艺程序制造出来,所以公共设施的色彩与材质、工艺直接影响到公共设施的美观。

1. 色彩

公共环境设施的色彩在人们的直观感受中最能反映环境的性格倾向,最富有情感的表现力度,是最为活跃的环境设计语言。色彩能明显地展示造型的个性,解释活动于该环境中人的客观需求,或振奋娱乐、或宁静休闲、或平和安详。总之,公共设施的色彩以其鲜明的个性加入到环境的组织中,创造人与环境的沟通,并赋予环境以生气和活力。

公共设施的色彩往往带有很强的地域、宗教、文化及风俗特色。公共设施的色彩往往与所在国家的地理环境、文化环境和民俗风情有关。色彩既要服从整体色调的统一,又要积极发挥自身颜色的对比效应,使色彩的搭配与造型、质感等外在的形式要素协调,做到统一而不单调,对比而不杂乱。巧妙地利用色彩的特有性能和错视原理拉开前景与背景的距离,使公共信息系统设施比较端庄的形体变得轻快、亲切。不同的城市有着不同的风格,每一个城市都有着它自己的面孔。有的城市现代气息十足,有的城市偏于保守,有的城市充满"故事",有的城市文化悠久。这就需要设计师们根据城市的不同,设计不同色彩风格的城市"街具",做到"天人合一"。在世界各国的大都市中,英国伦敦对城市的色彩控制就较为成功,城市的主体建筑基本上采用中灰、浅灰色调,而公共汽车、邮筒、电话亭、路牌等公共设施则采用鲜艳亮丽的色彩,使整个城市环境显得温文尔雅,亲切生动,增强了环境的感染力(图2-5、图2-6)。

图2-5   图2-6

公共设施的色彩设计还要考虑到气候地域的影响。比如:北方气候干燥寒冷,因而北方的公共设施材料应多采用具有温暖质感的木材,色彩要鲜艳醒目,以调剂漫长冬季中单调的色彩,这些能使人们在漫漫寒冬感受到心理上的温暖和视觉上的春天,使抑郁的心情变得轻松愉快;南方温热多雨,选材要注意防潮防锈,故材料多运用塑料制品或不锈钢材料,色彩上也以亮色调为主。

城市风格的和谐统一与城市色彩密不可分。所谓城市色彩,就是指城市公共空间中所有裸露物体外部被感知的色彩总和(城市地下设施及地面建筑内部装修与城市色彩无关;地面建筑物处于隐秘状态的立面,其色彩无法被感知,也不构成城市色彩)。也就是说,城市公共设施的色彩要做到与城市风格相吻合,应该在城市主色调——城市色彩的大方向要求的基础上,结合周边已存在的城市建筑以及自然环境的基调作相应地调整。城市是人类集中居住地,城市色彩是一种系统存在,完整的城市色彩规划设计,应对所有的城市色彩构成因素统一进行分析规划,确定主色系统或辅色系统。然后确定各种建筑物和其他物体的永久固有基准色,再确定包括城市广告和公交车辆等流动色,包括街道点缀物及窗台摆设物等的临时色。在城市公共设施的设计中也应该考虑其存在空间的城市色彩,使其与城市风格相吻合。

2. 材质

任何设施,无论功能简单或复杂,都要通过其外观造型,使机能由抽象的层面转化为具

体的层面,使设计的理念物化为各个应用实体。现代设计中的材料质感的设计,即肌理的设计,作为设施造型要素之一,随着加工技术的不断进步及物质材料的日益丰富而受到各国设计师的重视。

这里讲到的肌理即公共设施表面组织构造的纹理,其变化能引起人的视觉肌理感与触觉肌理感的变化。通过视觉得到的肌理感受和通过触觉得到的肌理感受同时向人的大脑输送,从而唤起视觉、触觉的感受及体验。肌理的创造,即视觉感、触觉感处理得当与否,往往是评价一件设施品质优劣的重要条件之一。质感使设施造型成为更加真实、生动、丰富的整体;使设施以自身的形象向人们显示其个性。如汉白玉、花岗石、岩石、钟乳石等材料,就体现出不同的个性,即使是同类的玉石,不同的组合传达的信息也不相同,尤其当它们营造一定的空间氛围时,常使参与者从肌理质感中获得新的体验,以满足人们对各种设施的精神需求(图2-7)。

图2-7

公共信息系统设施的设计更需追求材质的美感。如何选择、运用好不同的材料进行组合搭配,在显示不同材料质感美的同时可以产生丰富的对比效应,已成为设计师们关注的课题。这也是形式处理的一种手法,运用对比的造型效果,使设施更加生动活泼,富有变化。建造富有现代韵味的城市环境,不是轻率地将传统材料搬进现代生活,可以将传统材料与现代材料有机结合于环境中。当前,设计师越来越倾向于运用材料的自然属性,因为人们发现自然界有那么多美好的、一度被淡忘却又随处可寻的天然材料,它们具有更多值得人们回味的属性与意趣。

设计中要考虑各种材料的特性,比如可塑性、工艺性。通过不同的材质表现不同的设计主题。在材料的运用上应尽可能地挖掘材料自身的个体属性与结构性能,体现出物体美。同时应关照材质的肌理,表面的工艺不同,材料的肌理就不同,对人们的视觉作用也就不同。表面粗糙的材料与表面细腻的材料相比较,粗糙的体感强,粗壮有力,适用于大设施;细腻的给人感觉比较细致,适用于小设施。材质都通过其自身的特点表现着不同的设计意图。工艺的精细程度也给人不同的感受,越精细的工艺给人的感觉就越逼真、醒目,工艺简单、粗糙的质地给人感觉很大气,但有时会感觉缺乏细节,适用于大型设施或设施的基座部分。不同的工艺给人不同的视觉感受,有不同的工艺美(图2-8、图2-9)。现代社会的发展,新技术与新材料的开发与利用,为公共信息系统设施提供了更大的发展空间。如果能很好地将其与周围环境相协调,便会创造出一种既有变化又互相联系的整体感。

图2-8

图2-9

（三）公共设施的文化与设计的交融

文化是一个城市发展的灵魂，只有文化才能凸显城市特色。公共设施作为城市环境景观中重要的组成部分，文化尤为重要。文化不仅可以给人以精神上的鼓舞和陶冶，提高审美的享受，也可以调剂人们的情绪，规范人们的日常行为，是精神文明和物质文明的载体。同时城市公共设施的出现作为一种文化传播的媒介，可以很好地传递城市的文化和精神，积极地传承地域文化、发扬地域文化，激起市民的共鸣和对地域的热爱。

每个城市都有自己独特的传统和特色的文化，它是历史的积淀和人们创造的结晶。城市公共设施完全可以作为城市文化的一种载体，把富有特色的文化符号应用在设计中。当人们欣赏或使用富有民族和传统文化特色的公共设施时，一定会更加了解人们生活的城市，从而更加尊重它们，更加热爱它们。中国几千年的传统文化为城市公共设施的设计留下了许多可利用的元素：飞檐斗拱、水榭亭台的古代建筑风格，传统的镂空窗格设计，中国象形文字的美学价值以及由此引发的对设计的种种遐想，如果将这些传统文化的精髓所在与现代设计方法相结合，是专业设计人员在设计城市公共设施时所应该考虑的问题之一。

设计时可以从建筑和景观两个方面考虑。一方面中国地域辽阔、民族众多，在历史发展中形成了自己独特的建筑风格，如以"皇城"著称的北京，道路东西南北规整，建筑以四合院闻名；以"洋城"著称的上海，建筑以胡同、里弄为特色，形成了特有的海派文化；以"民城"著称的天津，海河孕育了城市文化，也决定了城市的布局走向。外来文化涌入天津，形成了多元并存的城市文化现象，各式的小洋楼与本土建筑各具韵味又协调统一，形成了天津近代城市形象。还有黄土高原的窑洞、江南水乡的粉墙黛瓦、福建的客家土楼，在这些不同风格的地区设计公共设施时，可以从城市特有的空间环境、人文特征和历史遗迹中挖掘灵感，如名胜古迹、文献、文物、民间传说和民间工艺等。为了不破坏当地建筑的风格，设计公共设施时就必须考虑到整体建筑风格，从中抽取出诸如形态、色彩、文化等隐含的因素，运用到公共设施设计中去（图2-10、图2-11）。世界建筑大师贝聿铭先生为苏州博物馆新馆所做的设计是公共设施对城市文化建设传承与发扬的典范。江南一隅的这栋建筑吸引了全世界的目光，更让无数建筑爱好者为之疯狂。贝聿铭的设计在保存苏州传统特色的基础上，用材和设计都非常有新意，以现代钢结构代替了木构材料、深灰色石材的屋面、突破中国传统建筑的"大屋顶"等，对粉墙黛瓦的江南建筑符号进行了新的诠释，江南水乡建筑模式的采取是对传

统建筑比例尺度在现代建筑设计中的完美运用:"不高不大不突出"的建筑体量与苏州城整体风貌的结合更是建筑与城市文化融合的体现(图 2-12、图 2-13)。

图 2-10

图 2-11

图 2-12

图 2-13

另一方面,公共设施与城市景观的关系是相辅相成的,公共设施参与城市景观构成,是景观规划中的一部分。城市景观是城市建设不可或缺的构成元素,如城市雕塑、喷泉、景观灯等。那么作为公共设施应当与城市景观和谐一致,相辅相成,既要丰富城市景观文化的内涵,又要创造优美的环境,因此,从某种意义上说,公共设施就是城市景观的一部分。如改造后的北京前门大街的"拨浪鼓"形路灯。拨浪鼓是古人走街串巷叫卖货物的工具,也是我国古老的玩具之一。现在"拨浪鼓"变身为现代照明设施,矗立在大街两侧。它再现了老北京建筑文化、商贾文化、会馆文化、市井文化集聚地的风采(图 2-14)。再如四川杜甫草堂外的公共设施,无论大到公共厕所还是小到指示牌的设计都无不显示浓郁的地域特色。其中,电话亭的设计就采用了中国传统的石亭盖形式。"亭"是我国传统建筑中周围开敞的小型点式建筑,供人停留观赏之用。以石亭盖作为电话亭的顶部极具装饰性,体现了浓郁的城市文化、地域文化特色(图 2-15)。

图 2 - 14　　　　　　　　　　　　　图 2 - 15

（四）公共设施中的"以人为本"的设计理念

人是城市环境的主体,因而设计应以人为本,充分考虑使用人群的需要,以体现"以人为本"的设计理念。一个设计合理且极具美感的公共设施,不但可以有效地提高其使用的频率,而且可以增进市民爱护公共设施、爱护公共环境的意识,增强市民对城市归属感和参与性。城市环境设施的设计必须充分考虑人与环境之间的关系,以人的行为和活动为中心,把人的因素放在第一位。

人的行为源于自身需求和内心的变化,在一定程度上公共设施影响着人的行为。公共空间环境中的行为与心理是有个体差异的,但仍具有一定的共性,具有相同或类似的行为方式,这是公共设施设计的依据。优秀的公共设施能够满足绝大多数人的行为和心理需求。公共环境中的公共设施也是有针对性的,不同的人群具有不同的行为方式,设计时必须考虑到参与者与使用者可能在使用过程中出现的任何行为,设计者必须对其使用者进行深入调研,才能在设施的功能、造型和色彩设计上满足其需要,考虑到其材料、结构、工艺及形态的安全性,在设计伊始便尽量避免对使用者所造成的安全隐患,体现以人为本的人性化设计。城市公共设施设计应尊重人的行为方式和心理需求,提高人本意识,将物质元素与精神元素融入到设计理念中。充分考虑人体工程学因素,制定合理的设计方案,提高公共设施的适宜性,达到人与环境的和谐统一,避免不当设计。例如,设计儿童娱乐设施应注重安全性,合理设计无障碍设施供残障人士使用等(图 2 - 16、图 2 - 17、图 2 - 18)。在物质文明和精神文明高度发展的今天,城市中像公厕、康体器材、街头公用电话等公用设施安装布局越来越体贴,让市民享受到生活的舒心和便捷。但使用公共设施的人群不仅是成年人,也包括儿童和一些特殊人群;可是,公共设施成人化的设计安装,让儿童使用不便,并存在潜在的儿童使用安全隐患。例如:在公共场所中孩子在街头走失或遇上意外事件时有发生,给 110 拨打电话是必要的一种求救方式。可是,现在街头插卡公用电话的数字按键离地面都在 1.5 m 左右,孩子们根本无法使用,残疾人也一样无法使用。特别是在电梯间应设置一些专供特殊人群使用的低位按钮;还有公交车的栏杆、拉环高度等一些公共设施,孩子乘车时要尽力伸手拉拉环,身体稳定性减小,就存在一些安全隐患(图 2 - 19、图 2 - 20、图 2 - 21)。

图 2-16

图 2-17

图 2-18

图 2-19

图 2-20

图 2-21

　　有效地进行"以人为本"的公共设施设计,还要关注设计师这一重要因素,"以人为本"的设计理念对设计师提出了很高的要求。首先,要求设计师具有人文关怀的精神,能够自觉关注以前设计过程中被忽略的因素,如关注社会弱势群体的需要,关注残疾人的需要等。其次,要求设计师熟练掌握人体工程学等理论知识,并能运用到实践中去,体现出设施功能的科学与合理性,如垃圾箱的开口,太高和太低都不便于人们抛掷废物,太大则又会使污物外露,既不雅观又孳生蚊蝇,同时还要考虑防雨措施以及便于清洁工人清理等(图 2-22、图 2-23)。再次,要求设计师具有一定的美学知识,具有审美的眼光,通过调动造型、色彩、材料、工艺、装饰、图案等审美因素,进行构思创意、优化方案,满足人们的审美需求。

图 2-22

图 2-23

二、公共设施设计的设计方法

（一）公共设施设计的思维方法

思维，从广义上讲是人脑对客观事物间接和概括的反映，它是在表象、概念的基础上进行分析、综合、判断等认识活动的过程。设计是需要思维的，设计的本身就是一项创造性的活动。创造性思维是一个与创造力和直觉紧密联系的过程，创造性思维是在抽象思维、形象思维、灵感思维等多种思维的基础上的灵活的应用和发挥。创造力是进行创造性思维并思考的结果，是对现有信息和条件进行原创性加工处理得到的结果，以具体化的形式表达出来的能力。我们的设计过程就是创造性思维方法发挥的过程，创造力对于设计结果有着决定性作用。

我们提出公共设施的设计过程是一个提出问题到解决问题的过程，而认识问题和解决问题的方案设计过程是由我们的大脑思维决定的。设计者可以通过不同的方式来形成不同的设计方案。设计构思是创造新事物的过程，创造也需要多方面的知识作为基础，具有创造力的构思需要脱离现有的思维模式才能够寻找到新的解决问题的方案，我们所创造出的设计产品才具有更新事物的价值。

在设计初期，人们是通过模糊思维和创造性思维来构思设计目标的，随之进入局部深入和细节刻画中期阶段，在形象思维和逻辑思维的作用下兼顾技术、结构和造型的知识，进一步确定设计方案的具体形式。设计过程中，我们应以自己的身体体验和头脑去理性地寻找设计思路，遵循以感性的艺术表现让用户去感知和享受的原则。创造性思维作用下形成的"整体设计"是设计的基本规律。

我们需要寻找有效的创造性思维方法来进行各类设计工作，现列举四种典型的思维方法：

1. 线性推理法（逻辑思维法）

线性推理法是我们应用最多的方法，就是从一种情况总结分析到最后完成设计的线性的设计方法。这种方法需要具有较强的内在逻辑性，但是这种逻辑性的思维想法也不一定存在，而可能是设计者自己创造出来的。所以当设计过程中"线性"出现"断裂"的局面时，就需要设计者能够及时有效地从信息和资料中提炼出设计依据来弥补。如将设计构思的起端推进到极限，或定位在非主流习惯、观念的方向上进行思考，就有可能形成新的构思而产生新型的公共设施设计作品。

（1）联想法。指将已有产品的功能、技术等与将要开发的新产品联系起来，或者由其他领域的不同类的产品联想到新产品的雏形。

（2）仿生学法。由大自然生物的结构、功能原理、外部形态等得到启发，并应用到产品上进行改进、设计、发明和创造。

（3）缩小和扩大法。指将产品的功能、结构、原理、造型的整体或局部等进行放大或缩小，从而获得设计推进的切入点。

（4）逆向思维法。针对传统的逻辑和习惯思维方式，将看问题的视角、顺序和所用的技

术、原理和方法作逆向思维，或许会有非同寻常的发现。

（5）模拟法。是将在某方面相似的产品进行比较，借鉴其设计思想和手法运用到新产品。

（6）列取法。将对已有产品的评价和对新产品的期望、特征描述等通过表格的图形和文字的形式呈现出来，从而获得新产品的雏形。

（7）移植法。将其他领域的技术原理移用到产品设计中进行创新设计。

（8）收缩法。指概念提出范畴比较大，再通过将主题含义缩小的方式将焦点引申到所要设计的产品上。这种模式更容易释放设计师的想象力，不至于一开始就受已有理念的影响。

（9）综合法。将相关产品的材料、机理处理方式、生产工艺等运用到新的产品上。

2. 螺旋排除法

螺旋排除法首先对设计方案提出多个不同的假设和设想，然后根据评价条件排除部分方案，反复运用这种方法，达到螺旋运动的效果，使每一次得出的方案结果都有所改善。如将不同的使用功能或不同的设计信息要素有机地组合在一个设施主体上，就可能形成具有新型功能的设施。

3. 形式归纳法

形式归纳法要先制定明确的设计任务，在这样一个先决条件下尽最大可能地发挥创造力，虽然缺少一定的系统性，但是这种方法却很实用。如确定采用仿生的设计手法，在结合设施的功能的前提下，对设计的形状、色彩、材质做多方面的协调而产生多个设计方案。

4. 积攒协调法

积攒协调法设计的思想是通过多方面的添加或去除整理，达到协调各个局部设想的结果。这种方法要注意面对多个变体的时候注重选择，不忽略整体设想，通常实施前提是要有明确的思路和丰富的经验。众多思维方法是存在的，在面对相同的设计要求时，若采取不同的思维方法，也许会产生不同的设计结果；在面对不同的设计要求时，不同的思维方法也要依据不同的条件进行选择。设计过程中多种思维方法同时作用，我们可以根据自己的创造性思维意识来找寻适合自己的设计方法。

（二）公共设施设计的设计方法

公共设施从大的方面说可以作为一个系统去设计，它属于一个城市，就必然要融入整个城市的设计系统。这就类似于应用工业设计方法设计一系列的产品一样，其中思想方法是相同的，主要运用工业设计中的系统论。比如，城市中的汽车停靠站的公共设施就不能与小区的设施一样，在这个系统中公共设施除了要满足候车这一功能外，还要把其设计风格统一起来共同反映这个城市的特色。

从工业设计方法论中寻找公共设施的设计方法，单个公共设施的设计主要考虑两个方面，一是环境，二是人，这是公共设施设计的重点考虑方向。对于公共设施，不仅仅是某区域的单元体要素，如脱离特定的环境而"自我表现"，要因地制宜地设计与该区域相适应的多样化、有个性的公共设施，不仅丰富城市形象，更是开放性文化价值体系的试验与创新。公共设施的设计还要考虑到人的生理和心理方面的因素，例如座椅，作为最常见的公共设施，座椅自身尺寸所占的空间一定要适合座位上的人。从人的心理考虑，座椅在树荫下、水池边，或离汽车道较远的道路旁设置相对则更易受到欢迎。而且，对于座椅设计每个人所隔的空

间也要经过研究才能设计出适合公众的座椅。这些都是运用了工业设计中的设计方法,这些理论对于公共设施的设计有很好的指导作用。

　　人和环境都是在不断变化的,不同的时代对于公共设施的需求会发生变化,当然对于公共设施的设计也会随着时代发展而不断发展。公共设施除了要满足人的生理、心理需要之外,还要起到审美、宣传、教育的作用,所以,在设计公共设施的时候就要考虑这些方面的要求。要把公共设施看成景观来进行设计,让它们体现并符合所在城市的民俗风范、地理气候特征。

第三章
公共设施的设计原则

对于公共设施设计而言,产品形态的意义非常重要,它不仅关乎产品自身魅力,更是城市空间形象的重要组成部分,城市发展速度越快、文明程度越高就越注重公共设施的设计与配置。可以说,当前公共设施的产品形态不仅仅涉及"物"和"事"层面意义,还包括精神、文化层面的意义。在公共设施设计的过程中,"造型形态"始终是中心话题,也是发挥多种材料美学艺术价值的关键。

今天,公共设施的选材日益多元化,产品的形态也在随着加工成型技术的飞速发展日趋多变。那些能直接影响生产以及人们生活方式的形态将不断增加,进而在追求"新品"的消费现象中不难看出设计造型多样化形态表现的迫切性。这使得公共设施设计迎合时代发展,摒弃"千人一面"的形式,向着差异化的设计表现方向演变,呈现出"形、色、质"的日趋完美与统一。

众所周知,设计理念选择是否准确、严谨,材料运用是否科学、合理,直接决定着设施本身展现材料固有的美学因素和特有的艺术表现力,直接决定着设施本身功能、形态与工艺特征能否相互衬托,相得益彰。公共设施设计由众多学科组成,边缘性是它的主要特征之一,其主要载体是环境。广义来讲,环境是包围人类并对其生活和活动给予各种各样影响的外部条件的总和,是若干个自然因素和人工因素有机构成的,并与生存其中的人相互作用的物质空间。而公共设施设计主要涉及的内容是环境心理学和人体工程学,它是研究人在客观环境的物理刺激作用下所产生的心理反应的科学,通过相同或不同的人对同一环境或不同环境心理反应的研究,来找出规律。在环境设施设计时与其他的因素综合平衡,筛选最佳方案尽可能达到最佳的预期效果。

一、公共设施设计的造型与用材原则

(一)造型原则

公共设施的造型设计要在满足功能性(这里的功能包括实用功能和审美功能两个方面)的前提下,通过材料及其加工成型工艺得以实现。设计准备阶段可以考虑遵循以下原则:

1. 易用原则

当人们进入车站、机场时,行李通过安检扫描传送带很容易从出口滑落、侧翻,人们都会很自然地快速用手去扶正并迅速取走。但如果是安检人员直接对你的行李开箱翻检、并随意丢在地上,行李袋侧翻时,相信没有人会心平气和地接受,这是因为人机关系中存在非常大的区别所造成。明显,很多具有明确产品属性的公共设施缺乏可以被人容易、有效使用的能力。日常生活中,人们身边就有很多缺乏易用性的公共产品。诸如让人晕头转向的航班信息滚动屏,让旅客忙前忙后的进站候机程序,使用说明书复杂的娱乐电子产品等。因此,公共设施必须符合人的需要,充分考虑环境设施与人的互动,做到合理和宜人。

日常生活中我们不得不在自动取款机旁边等待老人一遍又一遍地重复错误操作,而无法主动提出帮助。这是公共设施缺乏易用性造成的困扰。易用性通俗来讲就是指产品是否好用,操作方式是否简明友好。比如垃圾桶开口的设计既要考虑到液态垃圾的安置,又不能因此使垃圾的投掷产生困难;或是人们在使用自动取款机时,如何提醒用户在操作完成后记得取回银行卡片。这些都是公共设施设计时应该考虑的易用性原则(图3-1)。

图3-1 便于回收分类的垃圾箱设计

易用性是一种以使用者为中心的设计理念,易用性设计的重点在于让产品的设计能够符合使用者的习惯与需求。夏凯尔在1991年给出过"易用性"的定义:"(产品)可以被人容易和有效使用的能力。"一般来说,公共设施设计的易用性主要包括以下几个要素。

(1) 易见性

公共设施通过设计获得的功能容易被使用者发现,藏得很深的功能需要用户研究、琢磨,不容易被发现,无法迅速使用(图3-2)。

图3-2 公园里可以靠树放置的休闲长椅

（2）易学性

功能设置显而易见，使用者通过简单地模拟，就可以很容易学会，并可以在短时间内完成正确的操作（图3-3）。

图3-3　公园里的流动鸟巢，鸟儿可以轻松学会快速出入、居住

（3）易用性

熟练使用的时候可以更快地操作，在可能的情况下提高用户的操作效率，节约操作时间（图3-4）。

图3-4　广场上具有坐、卧、攀爬功能的公共休息设施

与传统的私属性产品设计不同，公共设施设计因其适用范围的非限定性，往往对其实现功能的操作过程的易用性要求更高。因此，易用性原则在公共设施设计中应注意考虑以下几个因素。

①公共设施所设置的功能是否易于使用人群发现？

②公共设施所设置的操作方法能否被所有适用人群所掌握？

③操作方法的学习过程是否可以伴随正确的使用过程而同步开展？

④错误的操作方法能否得到有效的纠正？

⑤如何消除错误操作而为使用者所带来的不便或心理不适？

⑥如何在多个使用者同时操作时，保证他们之间的有序及友善？

2. 安全性原则

公共设施是人与自然直接对话的道具,人在公共场所与设施直接发生关系,安全问题尤为重要,它是公共设施设计的基本原则。对于安全性的保障各国都颁布了《国家赔偿法》,明确指出由于公共设施的质量和管理不善对人员造成的损伤,国家或管理部门应给予相应的赔偿,将公共设施安全性问题提到了首要的位置。

我们在公共场所受伤的原因可能有很多种,如下雪天人行道路面太滑;路面窨井盖丢失、破损;候车厅台阶太陡,下车踩空;路口红绿灯间隔时间太短,无法快速制动;公共环境照明光照度不达标,容易出现交通意外等。

作为设置于公共环境中的公共设施,设计时必须考虑可能在使用过程中出现的任何行为差异。例如:儿童的天性活泼好动,老人行动迟缓,这些用户行为是不能改变的,而能够改变的是通过设计改善用户之间的行为能力差异,充分考虑到材料、结构、工艺形态能为设计带来的安全可行性,从设计伊始就避免对使用者造成的安全隐患,这是公共设施设计的基本安全原则。比如,供儿童使用的公共设施要尽量远离街道,无法避开时则需要单独围合起来,且器材用料要足够坚固耐用,至少能耐受正常成年人的偶尔使用(因成年人有时会被要求参与到儿童游乐活动中),且在带有明显入口与出口的游乐设施处,尺寸设计一定能够使监护人帮助儿童方便地出入上下,以备各种紧急意外状况发生时便于施救。

在儿童游戏区周边,最好能提供既能饮用又清洁的水源供应设施,孩子在口渴时可以及时补充水分,保持小手的清洁卫生,避免因卫生条件引起的安全隐患。公共健身设施中秋千的使用率最高,也最容易造成游戏场意外事故,因此,在秋千周围预留很大的开放空间作为跌落区,并使用适当的材料(如沙子、草地、橡胶地板)作为缓冲材料,可以有效提高秋千的安全使用性能。公共设施设计的安全性原则应该着重考虑以下几方面因素。

(1) 设施的自我保护

由于人与人之间存在着明显的思维认知差异,而其异常复杂的生理、心理因素左右着人的思想、行为,即使是训练有素的专业人员,在某些情况下也可能出现不同程度的操作失误。因此,理想的操作状态是公共设施本身已具备避免操作失误的功能,使人置于安全状态下。如用户在使用银行自动柜员机提取现金时,柜员机自身在现金存放槽设置定时开合模式,既可以满足正常操作取放现金需要,又有效保障了柜员机内财物不受损害(图3-5)。

图3-5 自动柜员机定时开合设置

（2）设施的限定保护

这种安全设计的目的是将使用者的活动限定在一定的范围内，实现有效的安全指数。如城市快速公交进出站时，候车岛停车门感应装置的开合设置，可以有效控制候车人流的流向，避免像普通公交车进站时乘客在车头前后追赶现象的发生，避免了意外事故的发生，提高了乘车效率（图3-6）。

图3-6　厦门市快速公交候车隔离设施

（3）隐藏危险部件

一些产品的某个部件具有必然的危险性，将其必然性转化为不惧危险的形式。如一些户外游乐、健身设施，就非常巧妙地将能够旋转的成组齿轮通过包覆形态设计，大大提高设施的安全性（图3-7）。

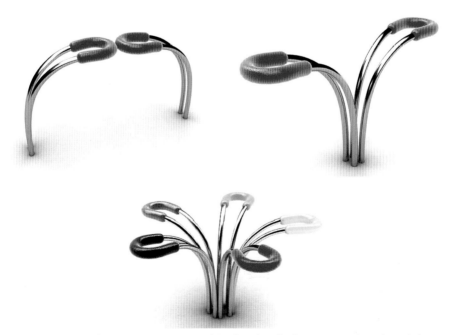

图3-7　可以自由组合的公共设施，易打滑处采用包覆处理，安全稳固，舒适度高

3. 系统性原则

"系统"一词在中华大辞典中有两种解释：其一,同类实物按一定的关系组成整体；其二,有条有理的。一般而言我们可以将其理解为由一些联系、互相制约的若干组成部分组合而成的,具有特定功能的一个有机整体(集合)。凯文林奇(Kevin Lynech)将城市空间归结为由道路、边界、节点、区域与地标等五种要素所组成的系统,它们互为因果,形成城市的公共空间系统。城市中的公共设施是作为其子系统而分布其中,具有明显的从属关系,同时设施之间又相互协调,构成自己独立的体系,这就是公共设施的系统性(图3-8)。

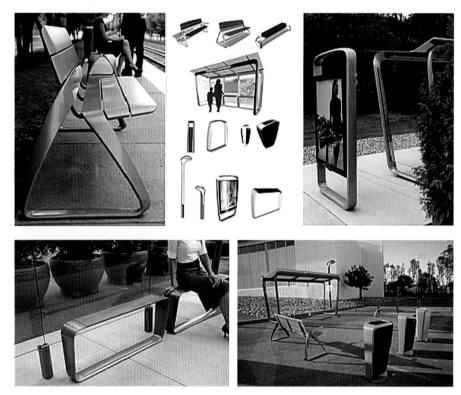

图3-8 光洁的镁铝合金公共设施系统,质感轻巧,
结构稳固,表面涂层性能稳定,现代感强

以城市公共照明子系统为例,我国在2006年发布的《城市道路照明设计标准》中,就对不同道路、行人流量、道路区域、平均照度、交会区域等涉及公共照明系统的各个指标给出了较为详细的标准(具体信息参见表3-1、图3-2所示)。由此看来,城市道路照明绝不只是一个个耸立在道路两边的路灯,而是根据不同区域、不同流量、不同环境等特点组织构成的城市公共照明系统,其系统性的设计原则不言而喻。

表3-1　交会区照明指标参考标准

交会区类型	平均水平照明(维持值 lx)	照度均匀度(维持值 lx)
与主干路交会	30/50	0.4
与次干路交会	30/20	0.4
与支路交会	20/15	0.4

表3-2　城市道路交通照明参数要求

夜间行兴流量	区域	平均水平照度（维持值 lx）	最小水平照度（维持值 lx）	最小垂直照度（维持值 lx）
流量大的道路	商业区	20	7.5	4
	居住区	10	3	2
流量中的道路	商业区	15	5	3
	居住区	7.5	1.5	1.5
流量小的道路	商业区	10	3	2
	居住区	5	1	1

目前城市公共设施的系统类型,按照其在城市生活中所发挥的不同作用,可以归结为基础性公共设施、便利性公共设施、交流性公共设施三个子系统。基础性设施在于保证城市正常运行;便利性设施在于优化市民公共生活质量;交流性设施在于增强市民相互交流与自我实现。通常来说,城市中基础性设施的发达程度直接决定着其他公共设施的发展。

譬如:公共照明必须沿着城市交通路线分布,路灯亮度或数量往往与道路宽度及人行流量呈正比;公共卫生设施与便利性设施必须与人口密度相匹配;休息设施、健身或游乐设施不宜处在城市快速路或主干道旁边;公共休息区或市民较长时间逗留的区域必须配有垃圾清理或回收设施等。再如健身设施周围需要设置公共照明设施,以便起到引导人群使用的目的。而缺乏这种集中照明的公共设施,因缺乏引导性、安全性和交互性,在夜晚的使用率相对较低。事实上,卫生设施、休闲设施、便利性设施、健身设施等公共设施系统,它们之间及其内部均存在着自然匹配的关系,这种关系在设计时可以概括为系统性原则。

4. 视觉审美原则

文明的公共空间环境自然应该是美的公共环境,公共设施设计对于提升城市形象有着重要的作用和意义。功能良好与造型美观并不冲突,一个设计合理并富有美感的公共设施,不但可以有效地提高其使用的频率,而且可以增进市民爱护公共设施与公共环境的意识,增强对城市的归属感和参与性。因为,形态优雅的公共设施在满足功能需要的同时,还兼具美育的功能(图3-9)。

图 3-9　水泥质地的骨状花坛长椅一体化设计，与周围
环境协调，在细节上呈现出低调的美感

以往人们不会将公共设施规划在工业设计范畴之内，原因就在于传统的工业设计具有机械化、大批量生产的特征。而公共设施设计往往采用专项设计、小批量生产的特点，这与环境设计的特征具有相似之处，因而多将公共设施设计归入环境设计。事实上，随着加工工艺与生产技术的进步，早期工业设计的大批量生产正在向着人性化、个性化的小批量生产方式转移。设计中"人"与"环境"的因素已经摆在了重要的位置予以考虑，这一点与公共设施设计的基本特征是一致的。而公共设施设计的审美则在于，设计师应根据其地域环境、城市规模、文化背景等因素的差异，对相同功能的设施提出不同的解决方案，使其更好地与环境"场所"相融合，呈现多元化的视觉美感。

5. 公平性原则

公共设施的功能性更多地强调参与机会的均等与使用的公平，主要表现为公共设施应不受性别、年龄、文化背景与教育程度等因素的限制，能被各个层次的使用者公平地使用，这也正是公共设施不同于私有产品的根本之处。公平性原则在设计中被表述为普适设计原则或广泛设计原则，在我国较多地表述为"无障碍设计"。自 1967 年以来，欧洲更多地使用"为所有人设计"的说法。事实上，如果将无障碍设计的含义只简单地理解为公共设施中盲道、坡道等专供为障碍者使用的设施，是很不全面的，这种设计原则应贯彻到所有的公共性产品之中。

在每一项公共设施设计中，设计师都应具体、深入、细致地体察不同性别、年龄、文化背景和生活习惯的使用者的行为差异与心理感受，而不仅仅是对行为障碍者、老年人、儿童或是女性人群表现出特殊的"照顾"。

（1）无障碍设计

"Universal Design"一词最早由美国教授 Ron Mace 于 1974 年国际残障者生活环境专家会议中所提出。Ron Mace 除了是建筑师兼工业设计师外，他本身也是小儿麻痹症的患者。"Universal Design"原始的定义为：与性别、年龄、能力等差异无关，适合所有生活者的设计。1998 年 The Center for Universal Design 再修正为：在最大限度的可能范围内，不分性别、年龄与能力，适合所有人使用方便的环境或产品之设计。

无障碍设计、跨代设计、广泛设计，以及普适设计在本质上指的是一回事，只不过在程度

上略有不同,如无障碍设计着重关注的是行为受障碍者;跨代设计所强调的则是老人与儿童;广泛设计与普适设计所体现的则是设计应该照顾到每个人的真实需要。而不只是社会上最有购买力的那部分人,它所强调的是设计所应体现出的"公平原则"与"普遍适应"的原则。

无障碍设计最早可以追溯到 20 世纪 30 年代初,当时瑞典、丹麦等国家建立起专供残疾人使用的公共设施。1961 年,在瑞典召开的国际生理残障者康复学会(ISRD)上,更加关注在欧洲、美国和日本等国家开展的无障碍设施设计。同年,美国制定了世界上第一个《无障碍标准》以后,英国、加拿大、日本等几十个国家和地区相继制定了法规。我国于 1983 年在北京召开了"残疾人与社会环境研究会",并发出"为残疾人创造更便利生活环境"的倡议。1986 年 7 月建设部、民政部、中国残疾人福利基金会共同编制了我国第一部《方便残疾人使用的城市道路和建筑物设计规范(试行)》,1989 年颁布实施。

2012 年 9 月 1 日我国建设部批准《无障碍设计规范》为国家标准并开始实施。

今天,无障碍设计的观念已经深入到环境建筑设计、工业设计、信息传达设计等各个方面。成为体现社会公平、彰显社会文明的重要特征。无障碍设计主要表现为通过改动那些起初并未考虑残障人士需要的设计,而适应他们的设计行为。如通过设置盲道、坡道或直梯,来提高行为有障碍者的通过率;通过在公共设施中设置的声音、震动、灯光或色彩等多种提示方式,来提高残障人事的使用率;通过在电视媒体中设置手语、字幕等方式,来方便失聪者观看等(图 3-10)。

图 3-10 上海世游赛上东体中心看台上的残疾人专用座位

(2) 跨代设计与广泛设计

轮椅仅仅是肢体残障人士的代步工具,不会独立行走的婴幼儿、步履蹒跚的老年人难道就不需要?事实上,任何一个正常人在其生命初期与垂暮之年总是需要与带轮子的座椅相伴,只是生命的初发与凋谢的象征意义不同,以至于我们很难将儿童推车与成人轮椅看成是一类事物。

如果说无障碍设计关注的多半是残障人士,那么,跨代设计或广泛设计则是对"行为受障碍者"有了更广泛的界定。我们在生命初期,身体机能发育尚未完善无法独自进食,不能独自行走,不会进行语言交流,是不折不扣的"行为受障碍者";而随着年龄的增长,我们日益变老,身体机能逐步退化衰减,逐渐出现耳聋眼花、步履蹒跚,再次沦为"行为受障碍者"。而另一方面,似乎每个人都有这样或那样的偏见,甚至患有不太明显或非常明显的精神疾病。从这个意义上分析,几乎所有人都会是"残障人士"。

日常生活中我们所见到的残疾人专用设施并不齐全,由于到处充斥着单纯讨好社会强势群体的设计,给弱势群体造成了太多不便,一些本可以完成的基本操作变得难以逾越,加深了他们"行为受障碍者"的心理阴影和精神负担。如果通过专门化的设计消除这些障碍,让他们像正常人那样自由地活动和愉快地生活,那么,他们便不再感觉身体残障会对生活造成多大的不便,心灵也会逐步趋于健全。从某种意义上讲,真正的残障并不是机体的不健全,而是精神的不健全,消除精神负担才能健康生活。因此,随着社会文明程度的不断提高,设计对人的关照更加深入,强调关爱老人、儿童、病人等弱势群体的生活质量。设计师开始尝试在设计伊始就努力考虑到弱势群体的特殊需要,将原本适应他们的设计通过修改,来适应身体能力正常人的需要。

因此,跨代设计主要是指通过事先设计来使器物能够被各个年龄阶段的人很好地使用,而广泛设计则是指设计能够广泛地被绝大多数人所接受。跨代设计或广泛设计的基本原则一般包括以下几点。

①公平使用

公共设施处于公共环境当中,应当尽可能地被所有人使用。设计师应该向所有使用者提供他们真正需要的功能物,而避免将某些特殊人群排斥在外。

②弹性使用

公共设施所能实现的功能应尽可能宽泛,要充分考虑到不同人群在使用相同器物时生理或心理的差异,并在详细考虑不同人群实际能力或操作习惯的基础上,尽可能设计出富有弹性的产品或空间,使产品得到充分的使用。

③感性使用

公共设施应该易于理解,简单实用。使用者可以通过最基本的生活经验、感性知识,或者图形符号来理解并正确地操作设施,并通过及时有效的多重反馈信息使操作者获得信息反馈。

④耐错使用

老人或儿童因为生理原因操作失误的几率较高,设计师应在设计过程中预先考虑到这些因素,并对一些容易造成严重后果或不可逆转的操作,设置各种反馈机制,使错误操作能被及时得以纠正或控制。

(3)普适设计

设计上的普适设计本质上根源于思想上的普世观念,一般认为,普世价值就是普遍适用全人类的通行价值体系。它们的本质意义应该超越人的意识形态和观念斗争,是放之四海而皆准的道德准则。普世价值基本包括人权、自由、民主、平等、博爱、信仰与文化多元发展等内容。而普世价值作用于现代设计中,则被表现为普世观念,着重强调不同人群对设计需求的"公平"性。它将无障碍设计或跨代设计所涉及的范围持续扩大,强调设计应该尊重社会每一个独立个体的真实需求,通过设计的力量体现他们的价值与尊严。

广义分析,普适设计是指设计师的作品具有普遍适应性,能够被所有人方便地使用,为

了达到这个目的,在设计之初,必须经过深入的分析研究,以便能适用于所有的潜在使用者,这些人包括:残疾人、老人、儿童、病人、妇女、贫困者,以及持少数信仰者等。然而,另一方面,普适设计的命题又是一个"悖论",如果说普适设计努力从人类身体的共性需求出发,去清除他们之间的差异性,设计当然应当强调实用性;但人们的心理又会因为民族、宗教、信仰、文化和经济等因素而呈现某些差异,设计师又要表现出差异性。因为,今天,我们在公共空间或公共设施产品中强调设计的"普适"性,而在私属空间或私属产品中则更强调设计的人性化与个性。

6. 适度原则

城市中的公共设施决定着一座城市的社会公共环境质量,而社会的公共环境质量是社会财富积累量的晴雨表,也是衡量公众文明度的显性指标。城市公共环境与设施的发展过程会呈现出这样一种趋势:当城市(也可以指国家或地区)居民收入普遍高于该区域的公共性收入比时,个体的财富会向集体或社会溢出(这种情况类似于地下水位与泉水之间的关系)。同样,当市民的私属环境普遍优于城市的公共环境时,城市的公共环境便得以改善;反之,当城市居民的收入普遍偏低于社会财富比时,社会的财富便必然会向个体转移,无论这个过程是否被道德或法律允许。同样,当公众的私属环境比公共环境更糟糕时,公共环境中的设施便必然面临被破坏的危险。这种态势也就能够解释我国为什么会在20世纪末、21世纪初才开始真正关注城市公共环境设施的设计。而这一过程,西方发达国家在20世纪70-80年代便已经完成。因此。城市中的公共设施并非越贵越好,它应与城市经济发展水平及发展质量成正比。以公共座椅为例:公共座椅的主要功能是为公共空间中穿行或逗留者提供必要的休息,但这种"休息"的程度级别在于"坐",而并非是"卧"。然而很多城市的公共座椅设计不但长而且宽,中间又未设置扶手隔断,这样的座椅往往变成了游客的躺椅,不但没有满足普通市民"坐"的需要,反而对周边环境产生负面影响(图3-11)。

图3-11 公园里的广告语座椅,向路人传达座椅的合理使用方式

一项由美国加州圣何塞市的城市公园与游憩管理局(the Park and Recreation Department)在1981年所做出的调查表明,10~25岁的男性是公共设施的主要破坏者,而周末日落与日出的这段时间则是绝大多数破坏活动发生的时间。破坏公共设施的原因可能包括无聊、酗酒、家庭破坏、缺乏管教、职场压力、甚至是娱乐活动的昂贵或缺乏所造成。

华盛顿大学的建筑系曾做过关于户外休闲环境的调查,把用户破坏活动分为四类:改变用途(把垃圾桶当成梯子);损毁东西(打碎玻璃或照明灯罩);拆除或偷窃(偷走任何可以偷走的东西);丑化形象(人为涂鸦)。其中,被破坏的几率从高向低排列,分别为桌子、长椅、墙、公厕、娱乐器械、灯具、指示牌、垃圾桶,可见,蓄意破坏公共设施的行为在任何地方都有,只是发生的概率不同。

为此,在公共设施设计中,要把握"适度"原则,具体来讲就是做到功能适度和材料合理。所谓功能适度主要是指:公共设施单体在满足自身的基本功能时,不宜诱使使用者赋予其其他功能。而材料合理主要是指:公共设施的造价应与民众的普遍收入水平相参照,设计师应优先考虑使用那些价格低廉、加工方便而又坚固耐用的材料,避免通过堆积昂贵材料取得炫耀性的视觉效果的做法发生。事实证明,许多城市将铸铁窨井井盖替换成水泥材质后,井盖丢失现象得到很好的遏制。这说明了材料的合理性对于保障公共设施不被蓄意破坏是多么的重要。

7. 环保性原则

如果说无障碍设计、跨代设计、普适设计的关注重点仍然停留在强调当代人的幸福。那么,绿色设计与可持续设计就在于谋求子孙后代的福祉。"生态整体主义"的观点要求人类必须有节制、有计划地利用资源。设计不能仅仅贪图一时之快,而侵害蚕食子孙后代的生存权与发展权,在这种情况下,绿色设计与可持续设计便呼之欲出了。

1971年,维克多·帕帕斯顿所著的《为了真实的世界而设计——人类生态学和社会变化》为绿色设计的思想的发展做出了划时代的贡献,维克多更加强调设计工作的伦理价值,他认为设计的最大作用并不是创造商业价值,也不是审美风格方面的单纯竞争,而是创造一种新的社会变革的力量。设计师应该认真地考虑人类对自然资源的使用问题,并对保护地球环境承担应有的责任。1933年,奈吉尔·维特利(Nigel Whiteley)在《为了社会的设计》一书中也探讨了相似的观点,即设计师的设计—社会—环境的互动过程中究竟应该扮演一种什么样的角色。

绿色设计是在20世纪80年代作为一种被广泛接受的设计概念真正流行起来,与其相关的设计理念还包括生态设计、环境设计、生命周期设计等。从广义上分析,绿色设计是20世纪40年代末逐渐建立起来,并在60年代迅速发展起来的环境伦理学和环境保护主义运动向设计界的投射,是从造物角度对人与环境之间关系的思考。在狭义上讲,绿色设计就是指以节约资源为目的,以绿色技术为方法,以仿生学和自然主义等设计观念为追求的设计行为(图3-12、图3-13)。在所有设计领域中,在公共设施设计中贯彻"绿色主义"的基本原则尤为重要,其主要原因可概括为以下几点。

图 3-12　就地取材用速生竹子设计的公共座椅,一捆结实的竹子被固定绳索束在一起,形成一个圆柱体。然后,设计师再将这个圆柱体安置在户外已经布置好的不锈钢底座上。由于不锈钢底座具有一定弧度,所以可以卡住"竹筒",将其固定住。接着,设计师再给"竹筒"塑形,让这捆竹子变化出一个供游人安坐的凹槽来。最后,经过抛光打磨,一款公共长椅便可以为市民们提供服务

图 3-13　可替换椅背、椅座的天然材质公共座椅

首先,公共设施设计多设置在公共空间当中,具有引导市民思想意识和价值取向的意义,它所提倡或抵制的生活方式,将会在无形中对公众形成普遍的影响力。

其次,就公共设施而言,从其设计、生产、采购、放置,到其投入使用,与其他私属化产品完全不同,民众对公共设施具有某些"不可选择性";换而言之,民众能够决定他们的私属空间中的生活状态(无论其是否真的绿色环保),但却无法决定其在公共空间中的生活状态。如果公共设施所引导的生活方式是"绿色"的,那么,民众的生活状态便更趋于"绿色"(图 3-14)。

图 3-14　高速路边的风力发电路灯,利用疾驰而过的车流产生
的风力进行发电,以供夜间照明

第三,相对于城市的私属空间而言,市民在公共空间中消耗的能量、造成的污染是可控的。因而,如果每一件公共设施都能真正贯彻绿色环保的设计原则,使其对能源的消耗和对环境的影响降低到最低程度,那么,将大大降低整个社会的运行成本。

因此,在公共设施设计中贯彻绿色环保的原则,绝不仅仅是设计几个分类垃圾桶那么简单,它所产生的巨大的社会示范效应应该被广泛关注和引起重视。这就要求设计师必然在材料选择、设施结构、生产工艺、设施的使用与废弃等各个环节进行通盘考虑,整体把握。

(二)公共设施的常用材料

公共设施设计中,材料是设计得以实现的物质基础。公共设施设计中的材料一般是指铺设、构建公共实用空间以及构建内部可供使用的各项设施、内外部起到装饰效果的材料。可以说构成公共设施设计的材料有很多种,这些材料有着不同的物理和化学属性,以及经验带给人们的各自极富特色的知觉特性。

1. 金属材料

公共设施设计中的金属材料主要是以结构材料为主,包含铁材料、不锈钢材料、铝合金材料等。

(1)铁材

铁材熔点低,具有良好的切削性、耐磨性以及减震性,生产工艺简单,成本低廉,可用于制造各种复杂的结构和零件,在公共设施设计中主要集中运用于大型的路标指示、公共休息座椅、公交车站的框架结构,如铁管、铁板等。

①板材:一般厚板厚度在 2~200 mm;薄板厚度在 1~2 mm。常用的有冷轧黑铁(黑铁皮、角铁、可喷漆)和镀锌白铁皮(防腐、防锈有花纹)等。

②型材:主要有角钢(三棱、四棱)、工字钢(做大型结构)、槽钢、方钢、扁铁。

③管材：主要有圆管和方管。圆管一般直径在 15 mm 以上，方管多为薄壁(2 mm)。

④线材：主要有钢筋、钢丝、展示桁架等。

（2）不锈钢

不锈钢的特点是不易生锈、韧性好，强度大，价格相对较高。公共设施常用到不锈钢板材和管材。不锈钢板材包括白板、钛金板、拉丝板、镜面板、亚光板、磨砂板和镭射板等，规格多样。不锈钢管材主要有圆管和方管等。

（3）铝材

现代工业制品中铝比钢运用得更加广泛，而价格比钢材便宜，具有质量轻的特点，在公共设施设计中运用普遍。如大型户外广告的框架面板等，其优越的性能是其他材料无可替代的。

①铝合金型材：生产方式主要有挤压和轧制两种。具有质轻、高强度、耐腐蚀、耐磨等特点，经过氧化着色处理可以得到各种色泽艳丽、装饰效果好的配件、幕墙、展架等。

②铝合金装饰板材及制品：主要包括铝合金花纹板、铝合金波纹板、铝合金冲孔平板、铝合金平板和蜂窝板等(图 3-15、图 3-16、图 3-17、图 3-18)。

图 3-15　铝合金花纹板

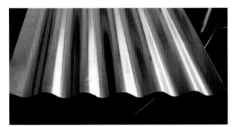

图 3-16　铝合金波浪板

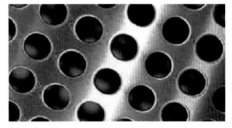

图 3-17　铝合金冲孔平板

图 3-18　铝合金蜂窝板

（4）彩色涂层板

以冷轧钢板或镀锌钢板为基础，经过表面处理在基层表面形成一层极薄的磷化钝化膜，可增强抗腐蚀性，基板在加工后可得到彩色涂层钢板，一般用于户外公共设施的门窗、墙面或局部配件。如：VC涂层钢板、彩色涂层压型钢板、彩板组角钢门窗等（图3-19）。

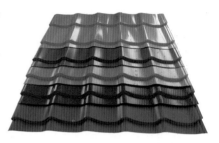

图3-19 彩色涂层压型钢板

金属材料的自然色泽、机理效果构成了金属产品最鲜明、最富感染力的时代审美特征，对人们的视觉、触觉以及直观感受产生了强烈的冲击，产生不同的综合感受，如黄金的辉煌、白银的高贵、黄铜的凝重、不锈钢的亮丽等，不同的金属质感呈现出不同的色彩、机理、质地和光泽，展现出各自的个性特征。

2. 木质材料

公共设施设计中使用的木材多为人造板材和新型板材。

（1）人造板材

主要是利用原木、刨花、木屑、废材及其他植物纤维为原料，加入胶黏剂而制成的板材。与天然原木木板线比较具有幅面尺寸大、质地均匀、表面平整光滑、变形小、美观耐磨、易于加工的优点。因其合成方式不同，种类繁多，主要有：胶合板、刨花板、纤维板、细木工板以及各种轻质板材等。广泛运用于公共空间、设施设计当中。

①三合板：由实木或木工板等木板或木条叠加三层，并胶合为一整体板材。上下层板材条纹方向相同，中间夹层与二者方向垂直，这样受力大。常用做家具的侧板及饰面材料（图3-20）。

②合成板：厚度主要有两种（5 cm和9 cm），主要做支撑结构，可压缩，主要有刨花板、密度板、复合板等。刨花板是用木材碎料为主料，添加胶水、添加剂压制成型的薄型板材。按加工方法不同，又可以分为挤压刨花板、平压刨花板两类，这类板材价格便宜，承压力大，但强度较差，用做家具的面板内衬或侧板，不适合钉钉子，怕水泡潮湿，易变形（图3-21）。

图3-20 普通三合板

图3-21 中密度板

③防火板：又称"塑料饰面人造板"，具有优良的耐磨、阻燃、易清洁和耐水等性能，适用于做公共家具、卫生间家具（图3-22）。

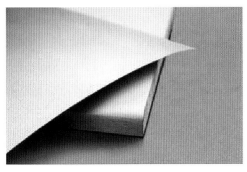

图 3-22　防火板　　　　　　　　图 3-23　宝丽饰面板

④纸质饰面人造板:这种板材以人造板为基础,在其表面贴有木纹或其他图案的特制纸质饰面板材料。它的各种表面性能比塑料饰面人造板稍差,常见的有宝丽板等适合制作室内公共设施,如灯箱、立体广告海报骨架部分(图 3-23)。

⑤细木工板:俗称大芯板,是两块单板中间胶压拼接木板而成,中间木板是由优质天然的木板经热压处理(室内烘干)以后,加工成一定规格的木条,由拼板机拼接而成。拼接后的木板两侧各覆盖两层优质单板,再经冷、热压机胶压后制成。与刨花板、密度板相比,其天然木材特性更复合人的审美,具有质轻、易加工、握钉力好、不易变形的优点,是室内装修和高档木质家具的理想材料。

(2) 新型木材

随着科技的不断发展,各种特殊功能的木材应运而生,展现出广阔的前景。主要有增强木材、铁化木材、有色木材、陶瓷木材、彩色木材、防火木材、浇注木材、脱色木材、复合木材等,这些新型木材融合了现代科技,在原有木材属性的基础上,研发和创新了新的实用特性(图 3-24、图 3-25)。

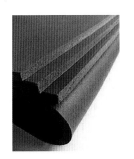

图 3-24　防静电合成板　　　　　图 3-25　聚氨酯保湿合成板

①增强木材:美国研发了一种陶瓷增强木材,它是将木材侵入四乙氧砼硅中,吸附饱和后放入 500 ℃ 的固化炉中,使木材细胞内的水分充分挥发。该木材形似木材,既保留了木材的天然纹理,又可以接受着色,且硬度和强度大大高于原有木材。

②复合木材:日本研发的一种 PVC 硬质高泡复合材料木材,主要原料为聚氟乙烯,并加入适量的耐燃剂,使木材具有防火功能。该材料为单位独立发泡体,具有不连续、不传导等特性,可发挥隔热、防火、耐用等特点,可以用于公共耐火性环境。

③彩色木材:目前,匈牙利一家公司已经研制成功一种彩色木材。它采用特殊处理法将

色彩渗透到木材内部,锯开就可以呈现彩虹般的色彩,因而不需再上色。

新型木材的出现,为公共设施设计提供了更加广阔的选材余地。科学合理地选用材料,不仅是设计造型的需要,也是保证设计质量、提升设计品位的需要。应注意要选用具有一定强度及韧性、刚度和硬度、质量适中,材质结构应该细致;有美丽的自然纹理,材料的质感悦目;干缩、湿涨和翘曲变形小;易于加工,切削性能良好;胶合、着色及涂饰性能良好;有抗气候和抗虫害性能。

3. 塑料材料

塑料是一种高分子合成材料,种类繁多,多数具有可分割性、弹性、可塑性和绝缘性等特点。

公共设施设计中常用到的塑料制品主要有:各种塑料壁纸、塑料装饰板材(塑料装饰贴面板、硬质 PVC 板、玻璃钢板、钙塑泡沫装饰吸声板等)、塑料卷材地板、块状塑料地板、化纤地毯等。

(1) 塑料壁纸和贴墙布

塑料壁纸在公共环境运用最为广泛,它是以具有一定性能的原纸为基层,以聚氯乙烯(PVC)薄膜为面层,经复合、印花、压花等工序制成。塑料壁纸分为普通壁纸和发泡壁纸,每种又分若干类。普通壁纸是以 80 g/m² 的纸做基材,涂以 100 g/m² 左右的 PVC 树脂,经印花、压花而成,包括单色压花、印花压花、有光压花和平光压花等几种,是最普通的壁纸。发泡壁纸是以 100 g/m² 的纸做基材,涂有 300~400 g/m² 掺有发泡剂的 PVC 糊状树脂,经印花后再加热发泡而成,这类壁纸有高发泡印花、低发泡印花和发泡印花压花等品种,具有质轻、隔热、隔音、防震、耐潮等特点(图 3-26)。

图 3-26 装饰化纤贴墙布

(2) 塑料装饰板材

塑料装饰板材有塑料贴面装饰板、硬质 PVC 板、玻璃钢板、钙塑泡沫装饰吸声板等。

①阳光板:特点是中空,可较容易地弯曲,有多种色彩,加工工艺较简单,受规格限制,价格高。厚度有 8 mm、10 mm、15 mm,长度有 3 000 mm、4 000 mm、6 000 mm 等不同的规格。

②有机板:分透明和有色有机板两种,色彩局限在纯色和茶色。缺点是非常的脆,而且较容易脏,极易被损坏。规格 1 200 mm×1 800 mm,厚度最薄 0.4 mm,常用厚度为 2 mm、

3 mm、4 mm、5 mm。白有机板、奶白片,透光漫反射;瓷白片,不透光,用做贴面。

③亚克力板:主要有透明亚克力(水晶效果)、彩色亚克力、亚克力灯箱等。价格比有机板贵,品质好,硬度高,不易碎,透光效果好。

(3)玻璃钢装饰制品

玻璃钢是一种复合材料,大多数是由玻璃钢纤维与不饱和聚酯树脂复合而成。最显著的特点是:高比强度、高比刚度、耐热性好、电绝缘性好,在公共设施设计中应用广泛(图3-27)。

现代公共设施设计越来越多地运用塑料,其主要原因是塑料的成型工艺简单,可塑性好,可以使设计造型取得良好的艺术效果和经济效果。此外,塑料的外观易于涂饰着色,经过镀饰、印刷等手段,加工出金属、木材、皮革、陶瓷等各种材料所具有的质感。

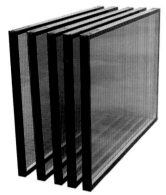

图3-27　彩色玻璃钢板材

(4)玻璃材料

公共设施设计中常用的玻璃主要有:平板玻璃、压花玻璃、中空玻璃、热反射玻璃、夹丝玻璃、釉面玻璃、彩色饰面玻璃等。

①平板玻璃:最常见的玻璃,也叫青玻璃、无色玻璃,一般厚度为4～5 mm,适合做玻璃窗或玻璃罩。

②压花玻璃:具有透光不透明、白度高、花纹清晰美观的特点,广泛用于居家装饰、公共装饰构件中。压花玻璃的纹样多种多样,可以实现设计师想要展现的艺术效果。

③中空玻璃(图3-28):有上下两层或者两层以上的平板玻璃原片构成,四周用高强度、高气密性的复合胶黏剂将两层或多层玻璃与铝合金框架和橡皮条、玻璃条粘接、密封,中间充入干燥气体,具有隔热、隔声性能,所以又称绝缘玻璃。

④热反射玻璃:将平板玻璃经过深加工后得到的一种新型玻璃制品,具有良好的遮光性和隔热性,可节约室内热能源,而且起到很好的装饰作用。

图3-28　防霜冻中空玻璃

⑤夹丝玻璃:又称防碎玻璃和钢丝玻璃,是将普通平板玻璃加热到熔融软化状态,将预热处理的金属丝或金属网压入玻璃中制成。

⑥釉面玻璃:在玻璃的表面涂饰一层彩色易溶性色釉,然后加热到釉材的熔融温度,使釉层与玻璃牢固结合在一起,经退火或钢化等不同热处理方法获得。彩色釉面玻璃是对通过的可见光具有一定选择性吸收的玻璃。根据着色工艺可分为本体着色和表面着色。色泽多种,可拼成各种花纹的图案,产生独特的装饰效果(图3-29)。

玻璃是一种优雅神秘的材料,它令很多人痴迷和向往,

图3-29　彩色釉面玻璃

其品质能唤起人们的梦想与追求。玻璃以其天然的、极富魅力的透明性和变幻无穷的色彩和流动感,充分展示了其材质美。

(三)公共设施的材料选择与表面处理

在公共设施设计中,应充分认识和了解材料的特性以及加工手法,这样不仅可以从使用和结构特性上充分发挥材料的物理和化学特性,同时也可以根据材料的视觉特性去创造美的形式。

材料设计在满足功能要求的前提下,应尽量满足大众的生理需要。材料的选择是公共设施设计得以实现的重要环节,不同的材料带来不同的视觉刺激和感官刺激,在进行设计选材时可以遵循经济、美观、宜人、环保、科学合理的原则进行,达到资源优化配置。

1. 经济性

公共设施是提供给市民使用的设施,属于易耗损物,注重耐用和低成本至关重要。设计师必须从经济角度考虑材料的选择,比如原材料成本、加工装配问题、后期维护成本等。应尽量选择质量轻、强度大、可重复利用可靠的材料,以及更有效的加工工艺。如金属材料在室外露天环境下,容易氧化腐蚀,如换成其他材料成本将会太高或是成型工艺太过复杂,这时不妨考虑通过表面镀层或是涂装处理,避免氧化又极富装饰效果。为了降低成本,我们可以利用人造材料及相关工艺处理,以良好的人工质感来代替自然质感,从而节约大量的天然材料,并实现材料替代的多样性和经济性。例如用玻璃钢替代金属制作公共设施的骨架结构,塑料贴面板材制作公共座椅模仿原木质感纹理。此外,经济性还体现在就地取材、就近选材,考虑多用本地区出产的材料节约交通运输成本上(图3-30、图3-31)。

图3-30 黏滞形态公共组合座椅,白瓷底座与仿木质感的活动座面形成鲜明的视觉对比,清新雅致与周围环境相得益彰

图3-31 用经过循环利用的电子垃圾制作的路牌,看上去与普通路标无异,却使废料中的有毒垃圾再次派上用场

2. 审美性

公共设施设计中,材料作为构成产品的物质基础,直接影响着环境设施的各种性能以及外观表现。材料是公共设施与人发生直接接触的唯一载体。正如美国著名的哲学家、诗人

桑塔耶纳所写:"假如雅典娜的巴特农神庙不是由大理石砌成,王冠不是用黄金制造,星星没有亮光,那它们都将是平淡无奇的东西"。在公共设施设计的过程中,需充分考虑材料自身的不同个性,使其在满足产品基本功能的基础上,充分体现各自的美感,符合人们的审美追求。且公共设施不是一个孤立单一的产品,它必须要存在于一个空间中,这时材质给人的感觉要与周围环境相协调(图3-32、图3-33、图3-34)。

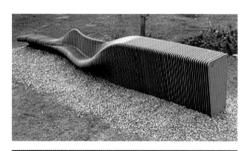

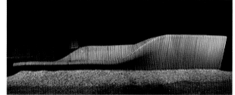

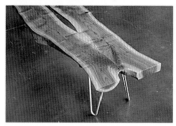

图3-32　展现现代工艺技术之美的公共座椅　　　图3-33　展现材质天然之美的公共座椅

图3-34　展现形态之美的公共座椅

　　不同的材质存在自身独特的美感,公共设施设计中应充分挖掘这种自然的美感,这会使相关的设施自然形成不同的个性属性和美学特征。例如,金属坚硬,打磨后表面光滑反光度高;木材自然质朴,纹理多样、色彩柔和、轻松舒适;花岗岩质地坚硬、密度大,给人以稳重、大气、壮丽之感;陶瓷质地细腻、光泽温润、美观耐看;塑料色彩多样、轻巧别致、可塑性强。在选材时,尽量遵循美观、协调的原则,注意整体与局部、局部与局部之间的配比关系,各部分的材料质感设计应按照形式美的法则进行配比,才能获得整体上的享受。

3. 人性化

公共设施是为人服务的,这就需要充分考虑环境设施与人的互动,做到设计的人性化。在材料运用上,注重满足公众生理上的舒适需求,特别是照顾到老人、儿童、残疾人的特殊人群的需要,通过对人体直接接触的各个"界面"材料的关注,选择可以提高舒适度的材料。例如在炎热的地区尽量选用具有凉爽透气质感的材料,如天然石材、钢材等;而在寒冷的地区就尽量选用触感温暖的材料,如木材等天然材料。另外,还要注重人造材料和天然材料的有机结合,创造良好的生态环境,并在设施与场所、文化背景之间通过材料建立密切的联系,创造良好的文化环境满足公众的情感需求,在设计中体现人文关怀(图 3-35、图 3-36、图 3-37)。

图 3-35　广场多功能公共娱乐设施,可以满足各年龄段需要

图 3-36　可自由组合变换距离的公共座椅

图 3-37　多用途自行车停放设施

4. 科技环保性

随着科学的发展,新材料新技术也日新月异,大大拓宽了设计师进行设施设计的材料选择面。这些新材料具有传统材料所不具备的高性能、低成本,兼具特定的美感。如塑木复合材料具有植物纤维和高分子材料的诸多优点和特性,这使得其使用环境和使用形式更加广泛,也能获得更好的经济效益和审美价值。随着科学的发展,人们已经认识到材料科学与人、社会、环境相协调,必须实行可持续发展战略。设计师要充分考虑到所用材料对环境的影响,尽量减少或不选有毒、有害的材料,多用可回收或是重复使用的材料。满足基本使用功能的条件下,尽量减少材料使用种类和数量,简化设计结构,选用耐用材料延长使用寿命,提高公共设施的使用效率(图 3-38)。

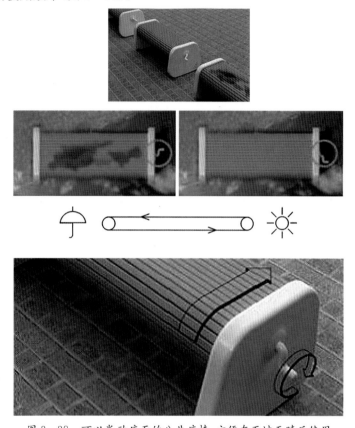

图 3-38 可以卷动座面的公共座椅,方便在雨过天晴后使用

除此之外,公共设施材料的感觉特性除与选择材料本身固有的属性有关以外,还与材料的成型加工工艺、表面处理工艺有关,常表现为同质异感或异质同感。例如经过抛光打磨的塑料制品表面看上去晶莹剔透、色彩鲜艳,充满了生机与活力,没有经过抛光打磨的塑料制品则黯哑、稳重,给人以朴实、自然质感。因此,不同的加工方法和工艺处理会产生不同的视觉效果,从而获得不同的感觉特性。

金属材料坚固耐用,因而是户外设施的主体材料或结构支撑材料。金属材料可以通过冷、热两种加工方式成型,如剪、切、铣、冲压、焊接、铆接等来制成理想中的形态尺寸。对于公共设施而言,剪、冲、折是其中最常见的工序,如座椅、围栏支撑件等。公共设施造型复杂时,需要多次使用焊接工艺,焊接不仅是实现造型、表达意念与情感的重要成型手段,同时也具有一种艺术的表现力。焊接后的痕迹能够产生奇特的肌理美,丰富设计的艺术美感。

此外,一些非量产的公共设施可以通过锻造、模型浇注手段得以实现。锻铸工艺充分利用了金属材料的可塑性和延展性,在锻造过程中留下了情绪化的痕迹,可方、可圆、可长、可短、可规则、可随意,具有强烈的个性化特征。

金属的表面工艺主要有两种:一种是经过物理精加工,如切削和研削,利用刀具等对设施金属表面进行细加工,获得镜面、磨砂、拉丝、梨皮面等效果;另一种是在金属表面进行被覆处理,通过在其表面覆盖一层薄膜,改变金属材料的表面物理化学性质,赋予材料全新的肌理和色彩。

镀膜,利用各种加工工艺方法在金属表面覆盖一层或多层其他金属的薄膜,从而提高金属材料表面的耐酸碱腐蚀性、抗氧化性、耐磨性,以及细微调整金属表面的光泽、色彩、光滑程度等,如度铬金属板、镀锌钢管等(图3-39)。

涂装,应用最广泛,能赋予设施丰富的色彩和肌理,主要是通过在金属表面涂覆有机物高分子材料的涂层来得以实现,也被称为涂装。涂装后的金属可以获得一些高分子材料的特性,改变自身的物理性能,如金属表面涂过防锈涂层以后,抗氧化腐蚀的能力就会大大加强(图3-40)。

图3-39 太阳能户外广告牌,塑料支撑件表面镀金属膜,光洁细腻

图3-40 塑料仿木纹户外公共座椅,表面油漆涂装未完成的设计效果醒目

塑料,是很好的成型材料,主要由高分子材料复合而成。透明、有光泽、耐冲击,具有质量轻、电绝缘性好、耐化学性好等特点。如常见的ABS、有机玻璃、PVC、PP、PE等,塑料在公共设施设计中运用相当广泛。塑料按照其加工特性可以分为热塑性塑料和热固性塑料两种。成型方法有:模压成型、注射成型、真空成型、延压成型和吹塑成型等。塑料材料在高温时会发生软化,这个时候利用其延展性非常容易塑造形态,是很好的塑性材料。

塑料材料一般是一次成型,但是为了提高其表面的美观性,可以对其表面进行二次加工,进行各种装饰处理。一类是表面机械加工,如喷砂、磨砂与抛光,能使材料获得不同程度

的粗糙表面与花纹、图案,通过表面细腻的纹饰、肌理、光泽差异营造含蓄、柔和的美感。另一类是在塑料表面进行喷涂和丝网印刷。喷涂涂料附着在塑料表面进行着色,形成一定附着能力和强度的涂膜,并具有一定厚度。如果是金属涂层,那塑料就可以获得金属的质感和光泽。丝网印刷是塑料设施部件表面常用的外观装饰,包括平面丝印、曲面丝印两种。

另外,一些塑料还会用到编织工艺,这是一种由前卫艺术发展而来的工艺手段,将纤维、丝状材料按照一定的方法编织在一起,产生极富韵律与秩序感的肌理效果,如户外休闲设施中的织物、PE 塑料座椅等。

二、公共设施的布置原则

公共设施是公共空间中重要的组成部分,是进行公共活动的物质和技术基础。公共设施的重要性一直被产品设计师所重视,它的功能形式、色彩、肌理、材质、工艺以及结构方式,往往是决定整个公共环境特色和实用功能的重要因素。公共设施设计在国外被列入工业设计产品的范畴,特别是对公共设施产品的形态、造型、材料、结构、加工技术等方面,投入了相当的精力和财力,创造出很多先进的公共设施产品。可以说,公共设施设计的先进与否,从某种程度上反映了一个国家的文明化程度和经济发展水平的高低,公共设施设计的发展前景将会十分广阔。

在公共设施设计的设计过程中应遵循一些基本布置原则:

1. 人体尺度

公共设施的尺度要符合人体工程学的要求,应便于观看、便于挑选、便于存放;在造型、色彩、装饰和肌理方面要符合人的视觉传达规律。这主要是指在尺度上必须方便公众观看、使用,尤其是在高度尺寸上要适合,不能让使用者弯腰、垫脚;台阶踏步的高度与踏面宽度要合理,既要安全又不容易使观众疲劳;外表色彩要简洁大方,不能过于花哨,注重与公共空间环境的整体性相协调。

2. 安全性

包括两层含义:一是公共设施本身的安全性,对于价值较高、精密程度较高的设施要考虑其稳固性,结构是否能够承受较大外力的人为破坏;二是使用者的安全,如公共设施外轮廓边角是否尖锐锋利,材质是否容易老化变脆碎裂,设备固定性能是否良好等。

3. 灵活性

公共设施设计应便于安装摆放,便于布置,可以快速替换安装。除特殊设备外,一般注重标准化、系列化、通用化,要尽量做到可任意组合变化、互换性强、易运输、易保存。要注重结构的简单性和合理性,注重各类连接构件连接材料的研究,多用轻质化材料制造,以使生产加工方便、操作容易、拆装便捷(图 3 - 41)。

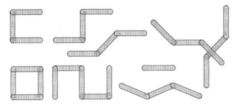

图 3 - 41　可以根据需要调整坐向的公共组合座椅

4. 美观性

注重造型的简洁、美观,不做过多复杂的线脚与花饰,表面处理应避免粗糙、丑陋,也要防止过分华丽或产生眩光,整体应给人舒适感。

5. 注重经济原则

避免过度浪费,尽量增加公共设施的使用率,突出其坚固、耐用,反复使用、一物多用等特点。尽可能少做一次性的设备,降低成本。总之,在注重经济条件的原则下,必须满足公共设施的使用功能,具有一定的审美意味,与公共空间大环境相融合(图 3 - 42)。

图 3 - 42　废旧轮胎制作的公共座椅,坚固耐用,充分做到物尽其用

三、公共设施的结构设计

结构是指设施物承重部分的构造。结构设计从某种意义说决定了公共设施的外观形态、使用功能以及安全稳定性因素,是抵御自然界对设计物生成的各种荷载。设施中的结构是一个形状的构造者,一个荷载的支撑者和一个材料的使用者。设计师在选择设施结构时要考虑:可以满足设施的多项功能要求;符合承载、变形、稳定的持久需要;能够与环境规划、建筑艺术融为一体;要合理用材,节约能源。

公共设施结构一般包括地面的固定结构和设施本身的结构。由于很多公共设施,如照明设施、指示设施和休息座椅,一般只需要与地面连接起固定作用,有的还要起到承载支撑作用,因此安全性、可靠性相当重要,设施本身与地面、原有建筑物的连接应确实可靠、牢固安全。

地面或墙面与混凝土结构之间一般要采用预埋件。设施连接部件可用焊接、螺栓或锚栓与地面、墙面中的预埋件连接,并注意将设施支撑座承受的荷载均匀地分散传递至下部结构,避免受力不均衡发生意外或缩短零部件使用寿命。有时也可采用质量合格的化学锚栓和植筋连接,严禁采用摩擦型膨胀锚栓连接。当无条件设置专用预埋件时,应采取其他可靠的连接措施,但必须通过受力计算与试验验证,以确保安全。当地基的土层柔软,上部荷载大而集中,采用浅基础已不能满足落地式广告牌结构对地基承载力和变形要求时,可考虑在地基处预制钢筋混凝土桩基础或对整个地基进行加强处理。由于公共设施设计的材料多种多样,从金属到非金属,从自然材料到人工材料、复合材料,所以其主体的结构形式也要多种多样。

(一)钢结构

主要使用钢板或型钢制成基本构件,根据使用要求通过焊接或螺栓连接等方法,按照一定规律组成的支撑结构。钢结构是小型公共设施采用的主要支撑构件,这些构件也可以通过各种连接形式组成中型或大型设施,如公共设施顶棚等。这些钢架结构按照不同类型分,常见的有钢框架结构、网架结构和网壳结构等。

(二)混凝土结构

混凝土是由水泥、水和骨料等按适当比例配制而成的一种经混合搅拌可以硬化成型的人造石材,是当今主流的土建材料。具有原料丰富、价格低廉、生产工艺简单等特点,同时还具有抗压强度高、耐久性好、强度等级范围宽等优势,这使得混凝土在公共设施设计中也成为常用材料之一。混凝土有着类似石材的形象结构表现,且将石材的力度和厚重感的特点很好地继承和发展,这使得混凝土的结构表现更具有了区别其他材料的顿时和稳重感。混凝土结构主要指以混凝土为主要材料建造的工程结构,包括素混凝土结构、钢筋混凝土结构、预应力混凝土结构等。其优点是整体性能较好,可灌注成为一个整体;可塑性极强,可灌注成各种形状和尺寸的结构;耐久性和耐火性好;工程造价和维护费用低。不足之处是抗拉强度低,容易裂缝;自重比钢、木结构大;室外施工受气候和季节限制;新旧混凝土不易连接,修补难度较高。

清水混凝土与人直接接触的设施表层应用较多,又称为装饰混凝土。它与一般混凝土在材料上并没有不同,而是在灌浆、拆除模版后,不再粉刷、装饰、贴砖,保留下混凝土原本的质感,直接呈现出建筑材料的真实面貌。为了追求效果,在模版上由过去的木板改良,采用先进的铜板取代过去的传统木材模版。而制造出清水混凝土施工所使用的模板就称为"清水模",这样能使拆掉模版后的混凝土表面没有一般混凝土表面粗糙、窝麻面、夹渣、锈斑和气泡,而保有光滑而细致的材质。只在表面涂一层或两层透明的保护剂,显得十分天然、庄重。

日本是使用钢筋混凝土的大国,清水混凝土在各种建筑、设施中得到了广泛应用和发展,甚至形成了自己独特的建筑审美风格。如建筑设计大师安藤忠雄就对清水混凝土情有独钟,作品中时常看到(图3-43)。

图3-43 安藤忠雄设计的 Church of light——光之教堂,建筑造价极低,墙壁及家具处理得十分简朴,并保留了粗糙表面的质感,空间以坚实的混凝土墙围合,创造出绝对黑暗空间,阳光从墙体上的垂直和水平方向的开口渗透进来,从而形成著名的"光的十字架"——抽象、洗练和诚实的空间纯粹性,达成对神性的完全臣服

如今,随着材料技术的发展,人们已经发现混凝土具有节能的潜力,世界上很多水泥生

产厂家开始研发新型混凝土,出现了很多混凝土新品种。如有自凝式,不需外力震动即可凝固;加热变色、甚至是可以塑造惊艳曲线和薄如纸张的表面(图3-44)。

图3-44　水泥公共座椅,坚固耐用质感朴实

(三)砌体结构

以砌体为主制作的结构,包括砖结构、石结构和其他材料的砌块结构。这种结构容易就地取材,可以由黏土烧制成砖,天然石材加工成石板,或由工业废料压制成具有良好耐火性和耐久性材料。施工时不需要磨具模板和特殊的施工设备,砌起的砖墙或石墙具有很好的隔热保温性能,是很好的围护结构,承重性能良好。缺点是自重大,耗材良多,与钢架结构相比强度较低,抗震性能较差(图3-45)。

图3-45

(四)木结构

木材是一种取材容易、加工简便的结构材料,具有自重轻,便于安装、拆卸、运输,可以多次使用等优点。木结构是指单独由木材或主要由木材承受载荷的结构,通过自身榫接或金

属连接件连接、固定(图3-46)。由于木材是天然材料,所以木构件受木材本身的条件限制,多用在民用和中小型工业厂房的屋盖中。

图3-46 木质结构的公共座椅,利用胶合板粘接和铆接的曲线变化

木结构施工工期短,施工适应能力强,是唯一可再生的主要建筑材料,环保性能远远高于砖混结构和钢结构。另外,木结构自身材料具有优异的保暖性,人们在使用时能感受到其冬暖夏凉的特性,结构稳定性能良好,相对于其他材料而言具有极强的柔韧性,环境耐候性好,是公认的环保绿色材料。

(五)膜结构

主要是由多种高强度复合薄膜材料(PVC、Teflon等)和加强构件(钢架、钢索等)通过一定方式使其内部产生一定的预张应力以形成某种空间形态,作为覆盖结构出现,能够承受一定的外荷载作用的一种空间结构形式。这种结构具有轻盈流动的现代技术材料的特性,质轻、透光性好、便于清洁,安装、拆卸施工方便,在现代化娱乐设施、景观设施设计中运用较广(图3-47)。

图3-47 小区张拉膜结构遮阳亭,美观轻盈

（六）玻璃幕墙

主要由支撑结构与玻璃组成,相对主体结构有一定的位移能力,可以局部替换,具有轻巧美观、不易污染、节约能源的特点。玻璃幕墙主要适合应用在要求具有良好采光的建筑外表面、展厅、博物馆、机场、车站等。主体结构是钢构件、铝框、钢索、型钢、玻璃等,这些材料具有现代感,常常会给城市形象的发展带来惊喜,成为地标建筑。如 1993 年贝聿铭设计的法国卢浮宫广场上的金字塔,已经成为继举世闻名的埃菲尔铁塔之后的巴黎新形象。而法国史特拉斯堡的"现代艺术美术馆",日本东京"国际会议中心",1996 年建成的中国"上海大剧院"等,都是玻璃幕墙结构运用的经典之作。设施设计中玻璃幕墙多用全玻璃式,有玻璃金结构、单柱式支撑结构、拉杆式支撑结构等类型(图 3-48、图 3-49、图 3-50、图 3-51、图 3-52)。

图 3-48　法国卢浮宫广场上,卢浮宫博物馆的金字塔出入口

图 3-49　法国斯特拉斯堡的现当代艺术博物馆,位于斯特拉斯堡市历史街区的中心伊尔河岸,采用的是驳接系统进行玻璃与结构连接

图 3-50　日本东京国际会议中心是一座设计新颖、规划
完善的商办复合式建筑,为东京新地标

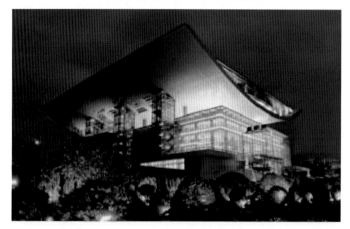

图 3-51　中国上海大剧院点支式玻璃幕墙结构,轻巧典雅,极富美感

图 3-52　户外防紫外线玻璃顶棚长廊

四、公共设施的色彩设计

视觉因素是公共设施设计的重要元素,造型与色彩组成了整个视觉空间的外观。就感觉而言,色彩比形状能够产生更直接、更强烈的影响。色彩往往是先声夺人,所谓先看颜色后看花,七分颜色三分形的说法就是色彩对视觉效果作用的最好表述,要对公共设施的色彩进行设计,首先需要弄明白色彩的两项基本知识。

(一)色彩的成因及个性

物体表面色彩的形成取决于三个方面:光源照射、物体自身反光性、环境对物体本身的色彩影响。

1.认识光与色

色是光的分解,光为色之母。牛顿早在1666年用三棱镜所做的光学实验就告诉我们光可以分为七色,根据光波的波长不同可以决定色相的差别,光波的振幅决定色彩的明暗,这些决定色彩效应的物理特性是应该首先弄明白的问题。色与光的关系表现在它们的相互依存、互相影响。我们借助光才能看到色彩,在标准的白色光和中等强度的光纤中,容易反映真实的物像本色。实际上这种理想的情况并不多见,一日当中早中晚的光源色变化很大,于是就有了光源色对色彩的影响问题。光源对色彩的明暗影响最为直接,强光使固有色变淡,光线不足会使固有色的色彩倾向含糊、变暗;强光还会加大明暗反差,减少色调过渡层次。就像摄影师为了获得逼真、清晰的高品质画面,对光线要求极为讲究。公共设施设计也是一样,例如,夕阳会给整个公共环境罩上一层暖色基调,如果过于强调设施局部色彩与整体的冷暖色对比,就会失去整体的协调性。此外,在光照下的亮部与暗部,色彩倾向有一定的变化规律,一般来说亮部与暗部的冷暖变化成反比。

2.色彩的空间感

我们都有过对天空的观测经历,空气似乎是无色的,积之太厚则呈现蓝色,所以远处的景物总会被蒙上一层蓝紫色,这是所谓空间的透视色彩。大气的色彩也同时淡化了明暗对比,模糊色彩的边界,色彩对比强度和边界的清晰程度也会影响色彩的空间距离感。这些特征反映在色彩关系中,就可以转为色彩的空间距离感,这是自然现象通过视觉经验转化为特有的视觉心理反应。故以蓝色为中心的冷色调具有被推远的感觉,以橘红色为中心的暖色调具有拉近的感觉。此外,经验还告诉我们色彩的明暗程度,才是色彩收缩与膨胀感的决定因素,调节配色之间的对比面积及明暗变化可以有效改变物像的收缩与膨胀感,而根据冷色具有被推远的距离感而盲目推出冷色具有收缩感明显是不科学的。色彩空间就是这样源于自然现象和视觉经验,弄明白了这些,就会知道在设计中各取所需。例如,在小小的空间中,用什么样的色彩关系进行公共设施的配色处理,可以有效获得扩大空间的视觉效果;用什么样的色彩关系进行公共设施设计可以有效减少场地太过空旷、起到突出主要设施的视觉效果等。

(二)色彩的风格表情特征

色彩具有不同的表情与风格特征,人们已有共识。然而色彩如何传达感情,表达情感的方式如何,则众说纷纭。抽象的色彩如何与人们的情感特征发生联系,是设计前需要弄明白的一个关键问题。

对各种颜色进行感情或心理方面的定性，是大同小异的普遍做法。需要明辨色彩自身的性质和社会附加作用这两个不同的性质和界限。比如红色具有温暖、热烈、积极的视觉心理倾向，这是色彩自身特点。至于红色究竟是象征革命还是暴力，是喜庆还是恐怖，这是不同社会影响的结果，这种延伸意义没有定论，因此必须根据地域文化、民俗习惯在设计伊始就明确界定。

在进行公共设施设计时需注意以下设计问题：

联想同人们的诸多感受形成通感，成为传达情感的中介和寄托的载体。色彩与语言表达不同，它不能直接抒发生活之情。我们可以研究同感性相关联的形式风格特征，例如形成明快、华丽、素雅等不同的风格特点。也可以间接表达喜悦、悲伤、沉静等情调。但是它无法表达更为负责的思想内涵，不如诚实、狡猾、正直与善良等。

注意色彩关系的相互作用性。色彩的风格与情调，需要经过综合的色彩关系来表现，色彩的感情效应需要在各要素的对比和相互关系中整体呈现。所以要从色彩关系中分析色彩，只有在整体色彩关系中才能真正了解色彩的实效（见表3-3）。

表3-3　色彩的联想及情感

色彩	色彩联想	色彩情感
	血液、火焰、太阳	热烈、危险、喜庆
	橘子、稻谷、秋叶	温情、明朗、积极
	香蕉、黄金、蛋黄	光明、注意、不安
	树叶、草木、森林	和平、理想、安全
	海洋、蓝天、湖水	自由、凉爽、忧郁
	嫩芽、草地、茶叶	活力、希望、青涩
	葡萄、茄子、紫罗兰	高贵、神秘、哀怨
	白云、雪花、牛奶	干净、纯洁、神圣

（三）色彩的几种表现手法

1. 色彩的秩序化

在公共场合，公共设施的秩序化布局尤为重要，如何做到井然有序，处理好色彩关系配置是最直接有效的解决办法。色彩的秩序化是协调色彩的有效手段，它对调节色彩关系的作用具体表现在两个方面。一方面，将杂乱无章的色彩根据某种内在规律进行有序排列。例如根据色相环上的秩序，根据明暗度的渐变安排色彩关系，形成渐变的色彩序列，这样可以使邻近色的性质接近，避免过强的反差，使色彩的矛盾和冲突趋于平缓。另一方面，形成秩序化的规律后，很容易为视觉所把握，效果统一、形式简化、一目了然。去掉杂乱感而形成和谐的秩序，可以满足视觉心理的需要。图中的设施设备众多，如果没有色彩的秩序化排列，必然杂乱无章。色彩的渐变推移缓冲邻近色规范协调，具有节奏感的艺术效果（图3-

53、图 3 - 54)。

图 3 - 53 俄罗斯 Bicota239 工厂二层通道采用醒目的柠檬黄作为主色调，
减轻了视觉空间狭长压抑之感，整个空间因色彩变得明快起来

图 3 - 54 俄罗斯 Bicota239 工厂内部按照不同的工作程序进行色彩区域分割，
主色调以柠檬黄和橙色贯穿其中，整个灰色工作区显得井然有序、规范整洁

在设计秩序色时要避免另一种偏向，简单的色彩推移不能满足多样化的需要，可以在机械化的秩序中加以调整和变化。如在保持秩序的前提下加上有规律的变化，设置多种秩序系列，相互交错，有机结合，虽然局部变化很多，整体秩序依然存在，从而实现形式多变、灵动的效果(图 3 - 55)。

图 3 - 55 俄罗斯 Bicota239 工厂暖色调中的冷色点缀

2. 边缘色的处理和大面积的点缀色

无论是图形还是色彩，边缘都是极为敏感的部位。图形边缘最能显示外形特点，色彩的边缘是对比最强烈的地方，也是色彩关系的要害部分。大面积的平涂色彩并置在一起，会产

生强烈的对比。可以适当保持距离或在两种颜色中间使用中性色,或者掺杂其中,达到一种过渡或缓冲效果。

也可以通过添加点缀色进行调整,影响原有的色相,改变色彩的明暗度,调整色彩对比关系。一般来说,点缀色可以是底色朝着自身的性质转化。对于变化程度的控制,可以由点缀色的大小和密集程度来决定。点缀色还可以在原有的色彩基础上进行色彩关系的调整,如局部修改,起到丰富色彩感觉的补救作用。效果明显,改变迅速,成本低廉。例如在商业街区的一些商店多采用五颜六色、高饱和度的招牌来吸引消费者的注意(图3-56)。

图3-56　俄罗斯Bicota239工厂外景,密封管道的深色背景上运用大量简单的几何图形,打破了原有视觉形式的单调与乏味,饱和、丰富的色彩使管道醒目而活泼

3. 准确把握色彩冷暖关系在色彩表现中的意义

色彩的冷暖关系是色彩性质上的一种区分。所谓冷暖关系是色彩对比中的相对概念,不宜理解为色彩固有的定性,这样理解有利于处理好色彩冷暖关系。例如,把红黄类色相归属于暖色,是对总体倾向的归纳,在这些暖色调中,还可以进一步区分柠檬黄比重黄冷、朱红比玫瑰红偏暖等特点。也就是说,色彩的冷暖关系是在对比中呈现出来的。这种更精细、也更概括的色彩性质归类,可以树立相对比较的观念,在比较中调整色彩关系,在同类色相中区分色彩心理倾向。例如,在橄榄绿与翠绿之间分辨不同的冷暖倾向,关注这种冷暖变化可以使色彩性质更准确,更具精确的表现力。有关冷暖关系的另一个意义,是它的宽泛性。冷暖关系常常用于表述一种色彩心理倾向,无论对于色调处理,还是对于表述方面,都有独到的意义。举个例子,在蓝色、绿色、紫色和黄色构成的色彩关系中,如果以蓝色、绿色为主,总是色彩倾向偏冷,不宜称为蓝色调,但可以概括为冷色调,这就是对整体倾向的把握。在处理整体色彩关系时,这种概括性的认识十分有益。根据这个道理,当我们用电脑调整色彩关系时,可以不改变色彩之间的明暗反差关系和色阶的阶差,而使整体色调发生某种倾向性的变化。保持各局部色彩之间的其他关系不变,着眼于整体色调的控制,这也是冷暖关系在应用中的价值。

总之,公共设施的色彩处理,必须经过综合考虑设施所处的功能目的、具体位置、面积、环境要求、地方传统、用户习惯等因素,根据传达的不同意义再做整体的规划。进行环境设施色彩设计既要符合城市色彩的要求,又要满足其自身对色彩的要求,好的设施色彩不仅是自身功能属性的一种加强,还是城市和谐环境的重要组成部分,为城市及周边环境添彩。

第四章
公共设施的设计实现

产品设计的实现是科学与艺术的结合,既有形象思维的审美也有逻辑思维的严谨,二者联系紧密又相互影响,其结果最终都要以形象的方式并借助某些媒介表现出来,是设计全过程中的一个不可或缺的重要环节。公共设施设计的设计师在开发一个新的产品或是对现有的产品进行改进设计的过程中,都在经历发现问题、提出问题和解决问题的艰苦历程,要不断地对不同的预想方案进行修改及市场调研等大量的前期准备和后期的审核、评判工作,直到最后的方案确定。要求设计师具备对现有的形象和预想中的形象,运用多种熟练地表现技法准确表现的能力,这是一项非常重要的最基本的设计技能技巧,也是沟通设计师与各种专业技术人员以及用户人群之间联系的最通俗易懂的语言和形式。方案设计的新颖想法固然重要,倘若没有清晰、准确、有效的表达和实现,让合作方、潜在用户人群或其他各类受众充分理解和接受,自然无法实现预期的目标要求。

不同设计项目对象不同,要求也各不相同,整个过程设计师将各设计要素互相权衡、有效组织的过程,在过程中解决各种问题,有一定的程序可依。遵循科学严谨的设计流程是保证设计质量和设计效率的前提,是公共设施设计得以成功实现的一个重要保证。

一、公共设施设计的项目洽谈

在项目初期阶段,首先要接受设计委托书。设计公司需按程序提交本公司资料(包括公司简介、业绩与成果资料、服务收费方式、资质文件与经营范围)领取客户标书,确定项目负责人,编制工作计划与日程安排。通过洽谈沟通,根据客户要求明确设计任务,了解、掌握各种有关环境设施的状况,明确设计期限并制定设计的进度安排,考虑各种有关工序的配合与协调,考虑客户的预算和资金投入、使用特点、风格定位等因素影响,熟悉与设计有关的规范与定额标准,对施工现场实地环境进行认真勘查,了解公共设施使用周边环境的性质等。

二、公共设施设计的市场调研

首先,收集整理第一手的资料信息,并作出设计分析和可行性调研。如收集与设计项目

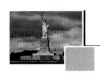

相关的资料和信息(包括同类案例的参考资料),并有计划地发放市场调研书,研究用户的需求类型和需求层次等。再次认真核实设计委托书、相关施工条件及法律法规等材料中的条款内容,确保设计各环节有据可依、不出纰漏。

　　接着,制定详细的设计计划进度表。将设计全过程的内容、时间、操作程序制成图表形式,并出具体设计阶段的目标和计划,大致程序参看图4-1公共设施设计项目管理流程。

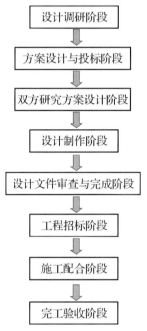

图 4-1　公共设施设计项目管理流程

　　产品市场调研主要包括:产品的历史和现状、产品总量、供需关系、适用人群、竞争者、产品技术可行性评估及发展前景等内容。目前常用的调查方法有问卷调查法、访谈法、观察法,其中问卷调查法最为常见。若按采用调研方法的途径区分,又可分为实地调研和网络调查两种。实地调研是传统的市场调研方法,它通过对产品的真实用户、产品使用环境、市场状况等因素进行实地考察来获取产品及市场信息。在一般进行的实地调研中,以问卷法最广,问卷内容的设计合理与否直接关系到产品及市场信息获取的效率和可用性(参看表4-1关于小区公共健身器械状况的问卷调查)。网络调查是指在互联网上针对特定的问题进行的调查设计、收集资料和分析等活动,网络调查的方式正在被更多设计师所采用。一般来说,市场调查的过程可以分为四个步骤。

表4-1 关于小区公共健身器械状况的问卷

为了大家能够在更加完善的理想的环境中锻炼,我们需要您的配合给出意见。现设计出以下问卷,请您抽出宝贵的时间完成以下问题。(在所给答案打"√")

关于公共体育设施的问卷调查

1. 您的性别
   A. 男　　　　　　　　　　　　B. 女

2. 您的年龄是
   A. 少年　　　　B. 青年　　　　C. 中年　　　　D. 老年

3. 您所在社区是否有健身器材
   A. 有　　　　　　　　　　　　B. 没有

4. 您会经常使用这些健身器材吗?
   A. 经常　　　　B. 偶尔　　　　C. 从未

5. 您更偏向于去哪里锻炼
   A. 公园　　　　B. 健身房　　　　C. 小区附近开放学校
   D. 小区内健身器材　　E. 其他

6. 这里距离您家远吗?(对于公园健身者)
   A. 很远　　　　B. 一般　　　　C. 很近

7. 您对这里的健身器材满意吗?(对于公园健身者)
   A. 非常满意　　B. 满意　　　　C. 不满意　　　　D. 有待改善

8. 据您所知,你小区的健身器材有专人或部门管理和维修吗?
   A. 是的,有人管理　　　　B. 没人管,坏很久也没人修
   C. 不清楚　　　　D. 其他

9. 您认为您小区的公共体育设施够用吗?
   A. 有多余　　　　B. 差不多　　　　C. 不够用

10. 对于政府大力发展体育设施这种公共产品你认为有必要吗?
    A. 很有必要　　　B. 无所谓　　　　C. 没必要

(一)确定调查的目标任务

在调查初期准备阶段,市场调查的内容十分广泛,涉及面很广。在调查前,需根据已有的资料进行初步分析,拟定调查提纲,确定调查范围以及索取资料的对象。然后有针对性地寻找符合要求的调查对象(如企划管理人员、市场销售人员、用户及消费者等)进行座谈,听取他们对初拟调查提纲的意见和建议,以突出调查的重点,找准调查的焦点问题。

(二)确定调查的项目与完成时间

调查目标确定后,就要确定调查的项目,即通过对调查内容的确定来获区调查目标。调查项目需简洁明了,设置的数量应适度,太少达不到调查目的,太多浪费人力物力。确定调查项目时,需充分考虑被调查者能否回答调查的问题。而调查完成时间是指整个市场调查活动的起止时间,一般情况下,调查时间不宜太长,否则会失去调查的意义。

（三）实施市场调查行为

在本阶段，组织前一环节的所有调查项目，并制成表格，展开市场调查。表4-2是关于市场调查的表格，共有三项内容。第一项是对被调查对象的提示。第二项是客户陈述，在这一项要准确记录他们当时的谈话内容。第三项是调查人对客户谈话的概括与解释。

表4-2 市场调查表

调查项目
客　户：	调查者：
地　址：	日　期：
是否有意愿接受调查？	当　前：
客户类别：	

问题	用户陈述	需求解释	重要性
典型用途			
喜欢/不喜欢			
改进建议			

在表中问题一列中通常用"喜欢/不喜欢"分别记录用户陈述。如果是客户喜欢的需求实现方式，就把相关内容记录在喜欢那一行里；如果是客户不喜欢的需求实现方式则记录在不喜欢的一行中。尽量记录客户可能使用表达重要性的词汇，如"必须、好、应该、很好、很差"等，上述词汇是对客户需求状况的解释。如选用"必须"一词，则表明客户完全确认产品具有的特性，这通常是决定其购买使用与否的基本标准；而典型的如产品增强性功能应该列为"很好"等级；而选用"好"一词则意味着对于客户而言是一个非常重要的需求；选用"应该"一词，则表示不存在或是差强人意的需求。

1. 现场勘查

任何公共设施必须安置在特定的真实环境中，所处场地的周边环境决定着它的造型、尺寸、色彩、材质及风格特征，因此设计初期需对现场周边环境的地理位置、建筑环境、气候特点以及气候的干湿污染程度等进行详细调查。借助拍照、录制视频、文字记录等方式具体勘察现场情况，对运输、交通、现场施工条件、环境结构、空间模式等环节进行全面的调查分析，获得一手真实可靠的数据资料，为具体分析、切合实际设计提供参考依据。

2. 用户调查

公共设施的场所不同、功能不同就会有不同的用户人群，对不同场所的用户人群展开调查研究是保障设计有效性的必要条件。研究方法可以采用多种形式，直接走访、问卷调查最为直接，但由于人与人之间初次接触容易产生不信任导致调研结果具有不定性，直接观察他们的行为特点和需求趋势，对他们在不同设施前的停留时间、使用需求等方面进行调查研究。针对环境中的人群，结合环境行为学的内容特点了解他们的生活方式、消费水平、社会交往习惯、社会关系状态、个人偏好等，逐步摸清他们对整个公共空间环境和公共设施有什

么样的共性需求层次和个性需求特点,对要实现的设计目标做到心中有数(如表4-3产品用户分析实例)。

表4-3 产品用户分析实例

姓名	A 先生	B 小姐	C 同学	D 经理
使用环境	办公室	住家工作室	书房	办公室
性别	男	女	男	男
年龄	32	23	17	42
受教育程度	硕士	本科	高中	本科
工作职位	SOHO	平面设计师	高中生	主管
硬件环境	扫描仪、无线鼠标、PC	扫描仪、鼠标、PC、eCAM	eCAM、MS 鼠标	鼠标、PC
性格	细心工整	利落、简洁、幽默	积极好奇	略保守
专长	影像编辑	平面设计	玩计算机游戏	多媒体分析
每月消费	1 500	1 000	500	2 000
理由	编辑工具、影像修正因非专业、Welcome 太贵	手绘输入、影像修正初入门、不会买太贵的专业产品	多媒体、网页制作、学生不买昂贵的专业产品	手写输入、一般中文输入法不太会用
嗜好	球类运动	唱歌、卡拉 OK	登山旅游	看书

(四)整理分析调查结果并撰写调查报告

对收集的各方面资料进行综合分析、研究、判断,确定需要解决的问题的关键所在。根据市场调研的预设目标写出市场调研报告。市场调查要有充分的数据材料作为支撑,并对这些数据进行科学分析,实事求是。调查报告需达到以下要求:针对调查计划和调查提纲回答问题;统计数字完整、准确,具有代表性;文字简洁明了,尽量用直观图说明问题;解决问题的方法和建议要明确、合理。

此外,调查报告撰写完毕并不意味着调查工作彻底结束。还应追踪调查报告的结论是否被采纳以及收到的效果情况,以便在下次调查时纠正偏差、改进调查方法和调查内容。调查所取得的综合因素分析结果,将会对设计者明确设计目标、把握设计定位起到决定性作用。

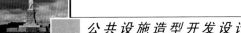
三、公共设施设计的草稿与定稿

（一）创意草图

方案创意是一个思维由发散到收拢、然后再进一步深化的过程。在这个过程中,对设计师思维活跃程度要求较高,应该勇于原创、勇于摆脱固有思维模式的羁绊去探索新的解决方案。

构思草图是设计师"存储思维片段"的有效手段,是设计师整理思路,把自己的原创思想再现于纸面的过程。通常没有具体的尺寸和色彩要求,只是利用铅笔、钢笔、圆珠笔、马克笔等简单的绘图工具来进行表现,勾画还未成熟的设计想法,通过不同的设计草图,激发设计者更多的灵感,在众多草图中逐步完善设计思路,更好地解决设计问题。美国著名建筑设计师保罗拉索就认为"视觉图像对有独创性的设计师的工作而言是个关键问题。他必须依靠丰富的视觉记忆来激发创作灵感,而丰富的记忆则依靠训练有素的灵敏视觉来获得。"构思草图正担负着搜集资料和整理构思的任务,这些草图对设计师拓宽思路和积累设计经验有着不可低估的作用(图4-2)。

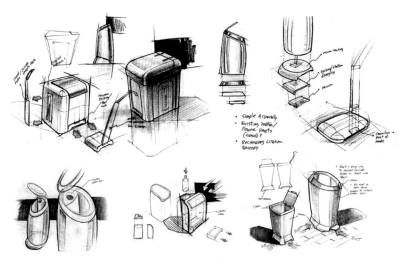

图4-2 垃圾箱设计草图(一)

通常在草图后期阶段,会从众多草图中选出一个设计比较完整、可以综合各草图特点的设计图加以完善,用泡沫、纸板等材料制作草模型,迅速将二维设计方案转化为三维立体形态,对方案的外观形态尺寸、比例关系进行推敲,为与工程技术人员进行交流、研讨、评估以及进行进一步的调整、改进及完善设计方案、检验设计方案的合理性提供有效的实物参照。从而,根据设计定位要求,确定公共设施的整体功能布局、框架结构和使用方式;初步考虑外观造型在美学与人机工程学方面的可行性;推敲材料的特性、成本和产品的生产方式(图4-3)。

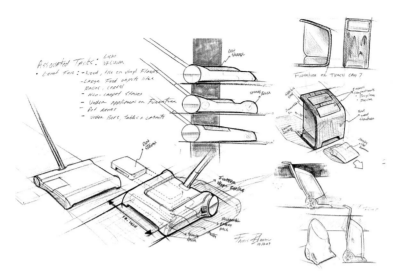

图 4－3　垃圾箱的设计草图(二)

（二）设计评估

公共设施设计作为产品开发设计过程中的一个重要环节,是在基于团队决策的基础上从众多方案中筛选出符合设计目标的方案,否则就可能造成设计开发活动的无目的性和不确定性,导致时间和财力的大量浪费。为此,有必要高度重视设计概念的评估,并在评估时建立起一套科学、有效的评估机制来指导设计评估活动的进行。

1. 设计评估的标准

设计评估的目的是对设计方案中不明确的方面加以确定或者对待选方案是否达到最初的设计构想进行评价。要实现设计评估这一目的,就需要先建立评估的标准。一般而言,设计评估标准的确定应考虑以下四个方面:

第一,技术方面:如技术上的可行性与先进性、工作性能指标、可靠性、安全性、宜人性、维护性以及实用性等。

第二,经济方面:如成本、利润、投资、投资回报期、竞争潜力、市场前景等。

第三,社会方面:如社会效益、对技术进步与生产力发展的推动、环保性兴资源利用、对人们生活方式与身心健康的影响等。

第四,审美方面:如造型、风格、形态、色彩、时代性、创造性、传达性、审美价值、心理效应等。

在设计实践中经常会遇到这样的问题:参与产品开发的每一个成员对标准所包含的内涵可能都会有不同的理解。因此,在标准设定之初就要在深入研讨的基础上形成关于标准的定义。要确定标准的准确定义,就要对评估标准包含的所有方面进行详细的阐述和细化。例如,对于标准第四项(审美方面)中的产品颜色的定义就应当进行如下细化:色彩与功能和使用条件相吻合;色彩对比适度、协调;质地均匀、优良、色感视觉稳定,色的分区域的形态的划分相一致。设计评估标准的定义细化如表 4－4 所示。

表4-4　设计评估标准

序号	评价目标	细化的评价目标(实际评价目标)	加权系数	备注
1	Z_1 整体效果 0.2	Z_{11}—形式与功能统一,适应机械设计要求	0.08	
		Z_{12}—整机配合默契严谨,具有整体感,空间利用和布局合理	0.04	
		Z_{13}—局部与整体风格一致	0.04	
		Z_{14}—空间体量均衡、协调,形状过渡合理,有稳定感	0.02	
		Z_{15}—质感与功能和环境相宜	0.02	
2	Z_2 宜人性 0.2	Z_{21}—重要的操作控制装置造型合理,并处于最佳工作区域	0.05	
		Z_{22}—重要的显示装置造型合理,并处于最佳视觉区域	0.04	
		Z_{23}—操作和显示装置相互配置合理	0.05	
		Z_{24}—操作件使用方便,符合正常施力范围的要求	0.04	
		Z_{25}—照明光线柔和,亮度适宜	0.02	
3	Z_3 形态 0.15	Z_{31}—具有独特的风格	0.08	
		Z_{32}—比例协调,线型风格统一	0.04	
		Z_{33}—外观规整,面棱清晰,衔接适度	0.03	
4	Z_4 色彩 0.15	Z_{41}—色彩与功能和使用条件相吻合	0.06	
		Z_{42}—对比适度、协调	0.03	
		Z_{43}—质地均匀、优良	0.03	
		Z_{44}—色感视觉稳定,色的分区与形态的划分相一致	0.03	
5	Z_5 外露配套件 0.1	Z_{51}—外露配件套与主机风格一致,配置合理	0.05	
		Z_{52}—款式新颖	0.03	
		Z_{53}—选材合理	0.02	
6	Z_6 涂饰 0.1	Z_{61}—涂装精致	0.03	
		Z_{62}—装饰细部与整体协调	0.03	
		Z_{63}—标志款式新颖、雅致	0.02	
		Z_{64}—标志布置适宜	0.02	
7	Z_7 其他 0.1	Z_{71}—经济效益高	0.08	
		Z_{72}—其他因素	0.02	

2. 设计评估的方法

目前国内外评估方法有很多种,概括起来可以分为三大类:

一类是经验性评价法。当方案不是很多,问题不太复杂时可以根据评估者的经验,采用简单的评价方法对方案做定性的粗略分析和评价。如:淘汰法,经过分析直接去除不能达到主要目标要求的方案或不相容的方案;排队法,将方案两两对比逐一评价比较择优选用。

另一类是数学分析评价法。运用数学工具进行分析,推导演算,获得定量的评价参数的评价方法。常用的有名次记分法、技术经济法及模糊评价法。

还有一类是实验评价法。对于较为重要的方案环节,采用分析计算仍没把握时,可以通过实验(模拟实验或样机实验)对方案进行评价,这种通过实验评价法所得到的评价参数准确,但代价较高,如风洞试验、碰撞实验等。

(三)方案定稿

经过方案的评价,各项参数指标优先的方案就会脱颖而出,最终与客户预期目的要求最吻合的被选定为定稿方案。这一阶段对产品的细节的设计决策对产品质量和成本有着实质性影响,在国外常被称为是"面向制造的设计"。这时,产品基本形态已经确定,面临的任务是对细节的推敲和完善,以及对产品基本结构和主要技术参数进行确定,并根据已定案的造型进行工艺上的设计和原型制作。对于公共设施设计师来说,首先进行的是设计方案的图纸绘制。

四、公共设施设计的制图

制图是公共设施设计的细节完善阶段,设计师用电脑效果图或模型手绘草图等各种方法向客户明确表达设计预想效果,主要包括外形尺寸图、零部件结构尺寸图、产品装配尺寸图及材料加工工艺要求等内容。设计图纸为后续工程结构设计提供了依据,也对产品外观造型进行控制,所有后续设计都以此为基准,必须遵循国家有关标准执行。

(一)制图规范与细节要求

任何设计图纸都要有一定的绘制标准与要求,这是关系到设计构思及其细节能否准确传达给客户及同行设计者获得认同的关键。要求设计师详细画出设施的外观、内部结构、节点剖面图,以便施工人员更好更准确地做出设施产品。

1. 常用制图工具

主要包括工作台、图纸(绘图纸、硫酸纸)、绘图版、丁字尺、三角板、比例尺、曲线板、擦线板、图形模板、专业绘图仪、针管笔、绘图铅笔、橡皮、胶带纸、美工刀等。

2. 图纸的规格

为了规范图纸的幅面,工程图纸都有固定的尺寸,按我国制图规范标准,基本尺寸有五种,如表4-5,其代号分别为A0、A1、A2、A3、A4。幅面布置分横式和竖式两种,规定A0~A3图纸除特殊情况宜用横式,但A4只能用竖式。若图纸需增加幅面,可允许一边加长,

A0、A2 幅面加长量按 A0 幅面长边 1/8 的倍数加长，A1、A3 幅面加长量按 A0 幅面短边的 1/4 的倍数加长，A4 号图纸不能加长。

表 4-5　图幅及标题栏

幅面号	A0	A1	A2	A3	A4	A5
长×宽	841×1189	594×841	420×594	297×420	210×297	148×210
c	10	10	10	5	5	5
a	25	25	25	25	25	25
单位:mm						

图纸设有标题栏，位置在图框右下角（图 4-4），格式由于图样作用不同而不尽相同，用于注明工程名称、图号、图名、设计单位、设计人、比例、时间等，以便图纸的查阅和明确技术责任。

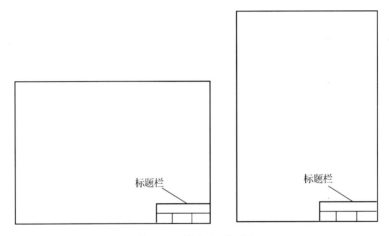

图 4-4　横向、纵向图纸

3. 图线应用

在工程制图中为了清楚地表达不同的内容，规定了各种线型的不同意义。线型主要分为实线、虚线、点划线、双点划线、折线和波浪线等类型。其中，线型按照粗细程度还可以分为粗、中、细三种。粗线宽度为 b（一般在 0.4~1.2 mm），细线宽度为 b/3，应根据图样宽度与比例大小，确定粗线 b 的宽度，以此确定其他线宽。图线宽度按规定有 0.18 mm、0.25 mm、0.35 mm、0.5 mm、0.7 mm、1.0 mm、1.4 mm、2.0 mm 八线系列，通常一个图样所用线宽不超过 3 mm。常用的图线名称和线型及其用法如表 4-6、图 4-5 所示。

表 4-6　图线名称及线型

图线名称	线型	图线宽度
实线	——————	b
粗实线	——————	2b
细实线	——————	0.5b

续表 4-6

图线名称	线型	图线宽度
虚线	— — — — —	0.5b
点划线	—·—·—·—	0.5b
粗点划线	—·—·—·—	2b
双点划线	—··—··—··	0.5b
折断线	～～～	0.5b
波浪线	～～～～～	手绘控制

图线绘制时需注意:虚线和实线,以及两虚线相交时要线段相交;点划线和双点划线的首末两端是线段;点划线可用于画中心线、对称线或轴线;双点划线可用于画极限位置、相邻辅助零件的轮廓线;粗实线可用于移出断面的轮廓线或可见轮廓线;细实线对应的是重合断面的轮廓线、剖面线、尺寸界线且见和尺寸线;波浪线可做实体断裂线的绘制;虚线用于不可见轮廓线;双折线用于实体断裂线的绘制,如图 4-5 所示。

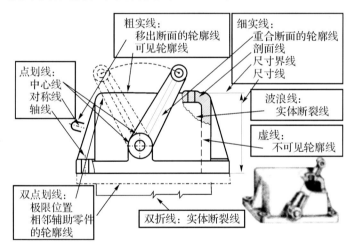

图 4-5　常见线型的意义及用法

各种不同图线的宽度是相对的,目的是突出显示可见轮廓。用铅笔绘图时,实线可用 HB 绘制,细线可用 2H 绘制。用 CAD 软件绘图时,实线多选用 0.4 或 0.6 的线宽,细线直接用默认的线宽。

4. 绘图比例

图纸比例是指图形标注的尺寸与相应物体的实际尺寸之比,是表明图样大小与实物大小的关系。制图时选用的比例要适当,条件允许时优先选择 1∶1 等大绘制,能够更真实地表现设施形体的空间尺度、视觉效果。常规标注方法为比例=图形大小∶实物大小。无论在图样上采取放大还是缩小的比例,尺寸都必须按原实物实际尺寸标注。根据设计图纸表现的深入程度选择适当的比例尺寸,图大,细节可以表现得更加准确和充分。

表 4-7 是国家标准《机械制图》规定的绘图比例,表中加下划线的比例为工业设计制图首选。

表4-7 绘图比例

种类	比例
与实物相同	1:1
缩小比例	1:1.5 1:2 1:2.5 1:3 1:4 1:5 1:10n 1:1.5×10n 1:2×10n 1:2.5×10n 1:5×10n
放大比例	2:1 2.5:1 4:1 5:1 (10×n):1

5. 字体

工程图纸中需要书写文字、标注数字尺寸、标准符号等，一般用仿宋体，数字和字母为直体或斜体(向右倾斜)，其大小按图样的比例来确定。规定的字高系列有2.5 mm、3.5 mm、5 mm、7 mm、10 mm、14 mm、20 mm七个等级，如需更大字体，可根据字高比值递增。汉字字体大标题可用正楷、隶书等字体，说明文字通常采用长仿宋体简化汉字，其长、宽比例约为3:2，字高不小于3.5 mm，且数字和字母在同一张图纸中必须统一。斜体字倾斜角度与水平线成75度，表示数量的数字应采用阿拉伯数字书写。

6. 尺寸标注

工程图纸中不同的线型表达形体的形态和结构，同时用数字表述其空间的尺度，必要时用文字说明、表格等内容附注，共同组成完整的设计语意。工程图纸上的图样尺寸主要由尺寸线、尺寸界线、尺寸起止符号和尺寸数字组成(图4-6)。

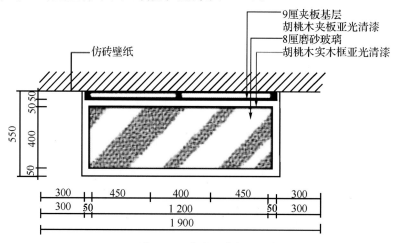

图4-6 长度尺寸标注

尺寸线和所标注的线段平行且相等，不允许用轴线、中心线、轮廓线和尺寸界线代替尺寸线。尺寸界线一般应与尺寸线垂直，是由轮廓线、轴线或中心线引出，也可利用轮廓线、轴线或中心线代替尺寸界线。尺寸界线尽可能避免与其他线相交，绘制时同一方向的大尺寸应标注在小尺寸外边(图4-7)。

尺寸数字一般写在尺寸线中间上方，也可以将尺寸线断开，尺寸数字写在中间，注写地方不够时尺寸数字可写在尺寸界线外侧，或引出书写。尺寸起止符号一般用45度左右的倾斜短线，其长度为2～3 mm，也可用小圆点表示。尺寸应平行于所需表明的长度，尺寸线与

所注的轮廓线相距15~20 mm,与另一道尺寸线相距5~10 mm,尺寸线不能用任何图线代替,必须用细实线单独画出,而尺寸线一般应垂直于所注的长度,除一般单独画出外,必要时可由轮廓线代替,也可由中心线的延长线代替。国际规定各种设计图的标注尺寸,除标高及总平面以"m"及"m²"为单位外,其余一律以"mm"为单位,因此,尺寸数字不用注写单位。标高一般注到小数点后第二位,零点标高应写成±0.000,负数标高用"—"号表示。

　　标注圆的直径尺寸时,直径数字前加符号"D",标注球体的半径或直径尺寸时,在尺寸数字前加符号"SR"或"S"。标注圆弧半径尺寸时,半径数字尺寸前加符号"R"。如需标注角度时,其角度数字应水平方向注写,数字右角加注如"°"、""、""符号,意为"度、分、秒"(图4-8、图4-9)。

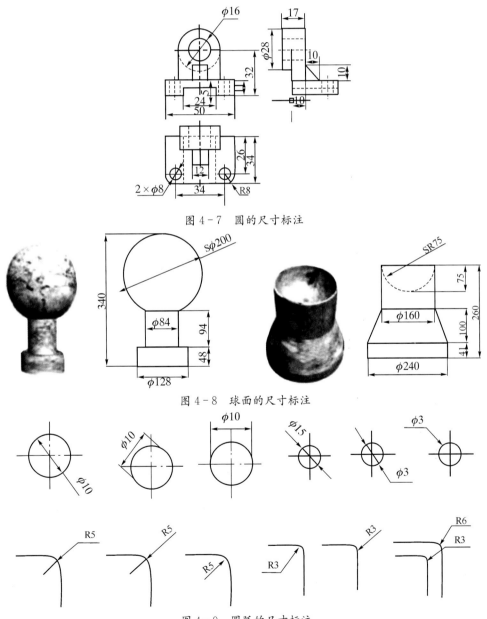

图4-7　圆的尺寸标注

图4-8　球面的尺寸标注

图4-9　圆弧的尺寸标注

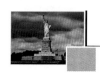
（二）公共设施设计制图

图纸绘制对于公共设施设计十分重要，既是设计师设计方案细节形象化的体现，又是供审查和批准公共设施方案及工程施工的依据。公共设施制图包括三视图和施工详图。需要时绘制出设计预想图（透视效果图或轴测图），将自己的设计构思形象地表达出来。公共设施制图一般包括方案设计阶段和施工图阶段。方案设计阶段的平面图（包括总平面图）、立面图及某些重点部位剖面图和节点图以及透视效果图，重在对整体艺术效果的把握、推敲以及有效地表达沟通。施工图阶段的平面、立面和剖面图及施工详图重在对施工中的构造、材料、方法及尺寸的规定，是为设施方案付诸施工的依据。工程制图一般包括根据正投影原理绘制的平面图（包括总平面图、立面图、剖面图、施工详图等）。

1. 公共设施的外观形态——平面图、立面图

（1）平面图

公共设施设计中的平面图是以正投影原理画出的水平投影图，是体现公共设施设计的规模、区域划分和构成的整体蓝图，是进行后序各项工作的重要基础和依据。工程图是用正投影的方法描述物体某个方向的形状和尺寸。如图4-10正投影图模型所示在一假想悬浮物体的上下左右前后各存在一个正射光源，那么就会在于其相对应的面上形成物体的六个投影，分别称作主视图、俯视图、仰视图、右视图、左视图、后视图。其中主视图为从前向后投影所得的视图，投影面在模型的后面；从右向左投影得到右视图，投影面在主视图的左面；其他视图依此类推。

图4-10　正投影图模型

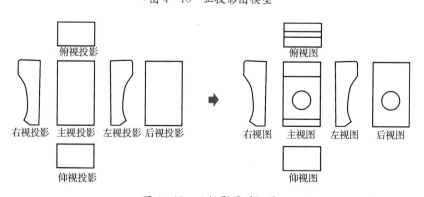

图4-11　从投影图到视图

　　将各个面展开在同一平面内,各个视图关系如图4-11从投影图到视图所示,由于正投影得到的是模型的外轮廓线,在正式绘制平面视图时,需要将可以看到的轮廓线全部绘制出来,如图4-11从投影图到视图。一般绘制设计图时,视设计物形态而定,如果是中轴对称简单形态,如圆柱体,只需一个试图标注直径就可以表达清楚;若六个面形态均有变化那就需要六个视图同时来配合表述形体特征。如图4-12分类垃圾箱设计平面图所示。

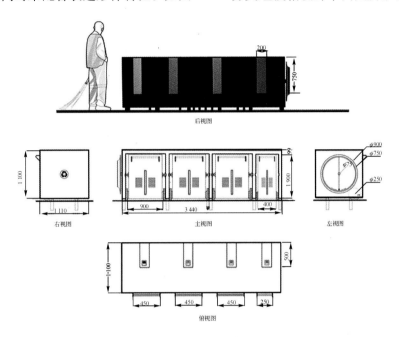

图4-12　环保积肥垃圾箱平面设计图

（2）立面图

　　公共设施设计的平面图仅仅反映了公共设施区域的划分及平面布置的平面空间位置,而立面图反映的是它们竖向的空间关系,是以正投影原理画出的立面投影图。其中反映主要或比较显著的外貌特征的那一面称为正立面图,其余的立面图可称为背立面图和侧立面图,也可以按前后左右位置称为前立面图、后立面图、左立面图、右立面图。

　　①立面图主要表达公共设施区域或建筑物内部立面的空间关系、公共设施的立面空间划分、公共设施的立面造型及展品的立面位置等,一般选用1:100、1:50的比例绘制。立面图因不同的表现要求,一般可以用室内墙立面图表达,有的则需要以室内剖立面图表达。

　　②立面图的图线。为了加强图面效果,使外形清晰、层次分明,习惯上建筑物可见轮廓线用粗实线,展位、道具轮廓线用中实线。

　　2. 公共设施设计的内部形态——剖视图

　　剖视图主要用来表达机件的内部结构。假想用剖切面剖开物体,将处在观察者和剖切面之间的部分移去,而将其余部分向投影面投射所得图形称为剖视图,也可简称剖视(如图4-13剖视图的形成)。

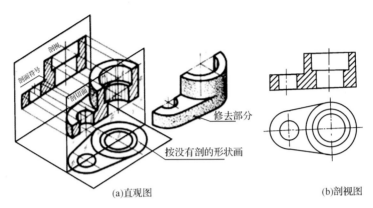

(a)直观图　　　　　　　　　　　　(b)剖视图

图 4-13　剖视图的形成

采用这种视图可以完整表达公共设施物内部结构、形状和工艺。在剖视图中,未剖切之前的不可见轮廓线(虚线)变成可见轮廓线(用实线表示),被剖切到的那部分平面就称为剖面。剖视图与平面图、立面图相互配合可以完整表达公共设施内部结构。剖视图的数量是根据设施本身造型结构的具体情况和施工实际需要而决定的。剖切平面一般横向,即平行于侧面;必要时可纵向,即平行于立面。其剖切位置应选择能够显露出所表达对象比较复杂或典型的内部构造部位。尽可能地通过孔、槽的中心线或对称平面,以便全面表达内部结构的实际形态。剖视图按照剖切位置不同,可以分为全剖视图、半剖视图和据剖视图,选用哪种剖视图表现视具体设施构造而定,如图 4-14 环保积肥垃圾箱剖面图中,垃圾箱外方内圆,采用平行于箱体侧面的半剖视图,就可以一目了然地表达垃圾箱的内部结构特征,非常直观。

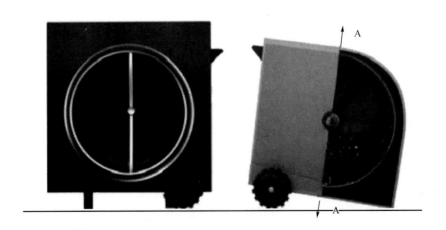

图 4-14　环保积肥垃圾箱剖面图

(1)剖面图要标注剖切部位、投影方向、剖视图名称等。有时为了表达清楚,可选用较大的比例画出,这时尺寸超出 1:50 时会画上材料图例。若图样和图例还不足以表达剖面的意思,则可以再利用引用线,以文字标注说明,如图 4-14 所示。

(2)剖面图的图线绘制。被剖切到的断面轮廓线用粗实线,未被剖切到的其他可见结构或造型轮廓线可用中实线或细实线,引出线、尺寸标注用细实线。若剖面宽度小于 2 mm时,可涂黑代替剖面符号。剖面符号根据材料不同,种类较多,如图 4-15 剖切面材料符号所

示,细分的话较难表达,一般只用金属材料和非金属材料标注,在技术上要求用文字说明材料的具体名称。

金属材料(已有规定剖面符号者除外)		型砂、填砂、粉末冶金、砂轮、陶瓷刀片、硬质合金刀片等		木材纵剖面	
非金属材料(已有规定剖面符号者除外)		钢筋混凝土		木材横剖面	
转子电枢变压器和电抗器等的迭钢片		玻璃及供观察用的其他透明材料		液体	
线圈绕阻组件		砖		木质胶合板(不分层数)	
混凝土		基础周围的泥土		格网(筛网、过滤网)	

图 4-15 剖切面材料符号图

(3)剖面图的尺寸标注。首先标注被剖公共设施的总体尺寸和轴线符号;其次标注公共设施的总体尺寸和单个部件的尺寸;接着标注被剖公共设施造型的主要结构尺寸;最后标注详图索引标志等。

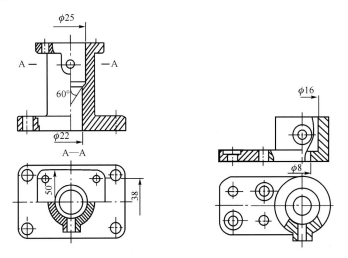

图 4-16 局部剖视图上机件内部尺寸的注法

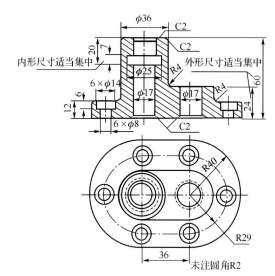

图 4-17　全剖视图上的尺寸标注

另外,在半剖视图或局部剖视图上注内部尺寸(如直径)时,其一端不能画出箭头的尺寸线应略过对称线、回转轴线、波浪线(均为图上的分界线),并只在尺寸线的另一端画出箭头,如图 4-16 局部剖视图上机件内部尺寸的注法所注出的尺寸。

在剖视图上内、外尺寸应分开注,如图 4-17 全剖视图上的尺寸标注的画成全剖视图的主视图中的内、外形尺寸分别注在图的左右两侧,这样比较清晰,便于看图。

机件上同一轴线的回转体,其直径的大小尺寸应尽量配置在非圆的剖视图上,如图 4-17 全剖视图上的尺寸标注的画成全剖视图的主视图上的各个直径尺寸,应避免在投影为圆的视图上注成放射状尺寸。

3. 公共设施内外形态的组合关系——施工详图

对公共设施的细部构件、配件用较大的比例(1∶20、1∶10、1∶5、1∶3、1∶1)等,将其形状、大小、材料和做法,按正投影图画法详细表示出来的图样,称为施工图。详图可能是某些部位的局部放大图样,也可能是某些部件的节点构造图,通常包括:整体外形图和零件图以及必要的部件图、展开图、电器原理图、表面处理流程图、装配图等,根据具体设施对象类型及其构造复杂程度不同,具体技术要求和图纸的详尽程度各不相同。

(1)零件图的绘制

绘制零件图时充分考虑到它是制造和检验零件的技术依据,一般由以下四部分内容组成:

①表达零件的一组图形,包括视图、剖视图、剖面图、展开图等。

②准确地绘制零件的内外形状,准确合理地标注出全部的形状尺寸和位置关系以及相关的加工精度等内容。尺寸的标注要依据零件的使用性能,安排好直接尺寸和间接尺寸的位置,尽可能地将同一类加工方法的尺寸安排在一起,便于数据读取。尽量做到图形详,对于图示的形状交代清楚;尺寸详,对图形尺寸标注齐全。

③用简练的文字表述技术要求,对有些不能用图样表达,也无处标注数据的内容,如构造分层的用料和做法、材料的颜色、施工的要求和说明等都用文字详尽说明。

④在标题栏中填写产品或零件的名称、图号、数量、日期、设计等内容。

（2）部件图和装配图的绘制

能够表达公共设施或一个局部部件的功能、装配关系、相关零件的结构形状以及选用的标准紧固件等内容，称作装配图。在产品制造的过程中，装配图用于产品部件的装配、整机的装配、性能调整、质量检验及后期维修（参看图 4 - 18 环保积肥垃圾箱装配结构图）。根据装配图的作用，其内容主要由以下四部分组成。

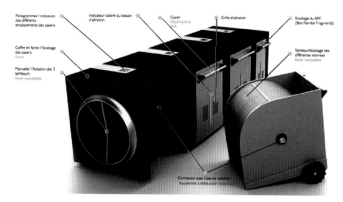

图 4 - 18　环保积肥垃圾箱装配结构图

①表达整机与部件关系结构的一组图纸，包括视图、剖视图、剖面图、轴测图等。

②整机或部件的规格性能、装配工艺要求、检验方法及包装尺寸等。

③用文字或表格叙述相关的技术条件。

④将图中的各零件编号，用表格列出零件的序号、名称、材料、数量、零件图纸号的明细表，列表中还包括标准件的规格名称、材料、数量等内容。填写标题栏中的名称、比例、图纸号、日期、设计单位等信息。

4. 装配图的绘制

按照国家标准的机械制图基本规范，产品装配图由多个部件组成，与单一的产品装配图的内容和要求不同，绘制时可根据实际需要逐一标注，并通过视图展现其相互位置、结构关系（如图 4 - 19 隔热推拉窗装配图所示）。

在同一个剖视图中，两个或多个相邻的同一种材质的零件，绘制剖画线要用不同的方向或不同的间隔比例，可以使零件之间的结构关系更加清晰。在同一张图中，同一个零件在不同的视图中，剖面线要一致。

装配图中经常出现各种螺栓等紧固件以及键、轴、连杆、销钉等零件。当剖切面通过这些零件的轴线时可以不画剖视图。

装配图中有多个相同的部件组时，如多组螺栓等，只需在图中画出一组详图，其余的只画出中

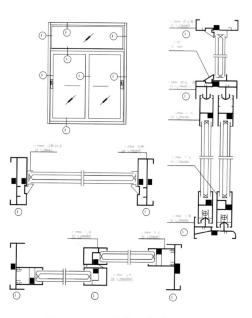

图 4 - 19　隔热推拉窗装配图

心位置,标注出数量和位置尺寸即可(图 4 - 20)。

装配图往往组成零件较多,因此一些零件的工艺结构如边角、轴的倒角、退刀槽等可以不画出来。

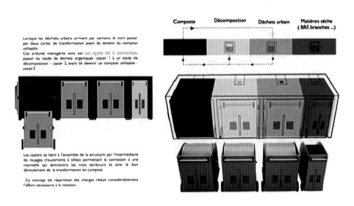

图 4 - 20　垃圾箱组装结构图

5. 公共设施设计效果图

设计方案的图纸绘制共分三个阶段:初期阶段绘制方案草图,梳理思路、记录构思,形成方案的前期视觉展现,然后是绘制视图、剖面图推敲方案的细节结构和尺寸关系;最后根据设计师的个人喜好,选用合适的表现技法,用手绘或是软件辅助绘制方案透视效果图,展现方案的最终视觉效果,如色彩、材质、肌理等细节。

所谓透视效果图,就是一种将三维空间的形体转换成具有立体感的二维空间画面的绘图技法。可以将设计师的预想设计方案较为准确、直观地展现出来,设计效果图的表现手法不只限于透视效果图,还可与公共设施功能结构示意图、使用功能操作示意图等灵活组合,补充说明设计方案细节(图 4 - 21、图 4 - 22)。

图 4 - 21　环保积肥垃圾箱效果图

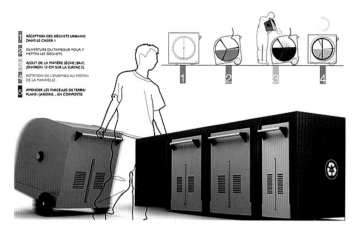

图 4 - 22　环保积肥垃圾箱功能示意图

此外,由于设计效果图不仅要利用透视投影的原理模拟出表现对象的空间形体,还要利用一定的工具和材料赋予表现对象以色彩、材质和光影效果以达到模拟或再现接近人眼感官现实的表现效果。因此,在立体的透视图线上加以颜色渲染而形成的设计表现图——效果图,随着新工具和材料的出现,形成了丰富多彩的表现技法,如透明水彩技法、钢笔淡彩技法、彩色铅笔技法、麦克笔技法、喷绘法等以及计算机辅助设计绘图法等。

五、公共设施设计的模型制作

根据公共设施的设计类型,选择合适的比例进行方案模型制作,是将设计师整体设计预想直接可视化实现的最终手段,也是最容易让客户与项目合作者获得认同的有效方法,更是检验设计成功与否的关键,一般情况下利用模型就可以实现。为了更好地研究技术实现上的可行性,制作一台能充分体现造型和结构、能实现产品全部功能的原型样机不失为一个最好的选择。原型机可以将产品的真实面貌充分显现出来。因此模型样机是详细设计的一个重要环节,是对设计方案进行深入研究的一个重要方法。通过模型制作,一方面可以检验和修正图纸内容,另一方面也为最终的设计方案定型提供依据,同时为后续的工业化批量模具设计提供原始参考数据。

仿真小比例模型是验证设计方案可行性、安全性的最后环节,通常选用1∶5或1∶10的比例尺进行模型制作,在模型制作中不断推敲造型比例、衔接结构、材料配色等设计要素是否科学合理,总体效果与预期效果是否存在偏差,质感表现是否复合大众审美。模型具有真实立体的三维空间体量,可以让设计者从多角度重新审视设计方案的造型关系,找出不足和问题,尽快改进,使方案更加完善、成熟,获得理想的效果。

现代模型制作的技法随着科技的进步日新月异,随着计算机辅助工业设计的兴起,CNC(计算机数字控制)加工技术日趋成熟,将原始设计尺寸数据以 CAD 格式或 PRE 格式输入电脑,可以毫不费力地操控雕刻机切割固体材料。切头被装在一个绕着六个旋转轴的头部,用来雕刻不同形态,可以迅速以分层雕刻的方式进行立体形态的雕刻成型。这种技术可以用于任何材料的加工,加工时直接从CAD文件获取信息切割,非常适合切割精巧和复杂外形,但不适合大批量生产,速度较慢,适用于制作小比例公共设施精细模型(图4-23、图4-24)。

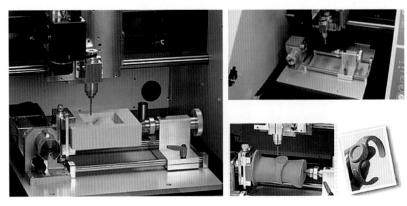

图4-23　CNC模型加工制作

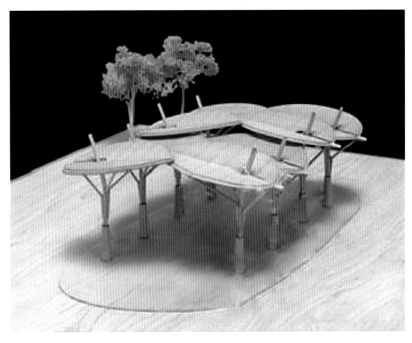

图4-24　公共休闲区木质模型——北京尼克模型

现在新一代的3D打印机已经问世,这种打印机可以根据电脑事先设定好的模型数据尺寸,一点点地将熔化的打印材料堆积,便可打印生成一个预想设计的任何形态。制作时间和成本都大幅度降低,这就大大节约了企业成本并加速新品上市周期,这也为产品设计师和建筑设计师们验证设计构想、制作样机模型提供了极大的方便,可以说是产品制造业的一次新革命(图4-25、图4-26、图4-27、图4-28)。

图 4-25 3D打印机

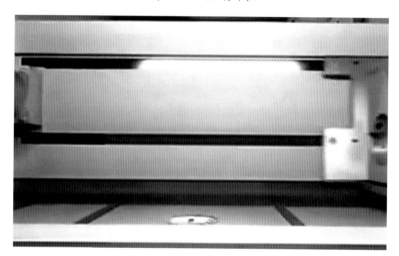

图 4-26 从底部开始切割

图 4-27 正在分层生成部件

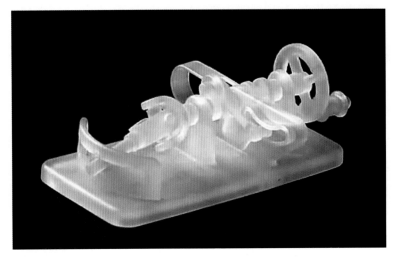

图 4-28　3D打印机加工完成的精细零部件

六、公共设施设计的设计实例

公共环境设施设计涉及环境、人、设施本身及相关的各种复杂因素,在设计过程中始终围绕设计的核心问题,按照发现问题、明确问题、方案构思与表达以及项目评估和实施的步骤进行,下面以公园环境景观——公共设施设计为例,来简要介绍设计的程序和步骤。

(一)发现问题

环境景观公共设施作为城市空间的要素之一,已是城市形象构筑中不可缺少的一部分。环境景观设施与大众的日常生活关系密切,在实现其自身功能的基础上,已与建筑一同反映着城市的特色与风采。在显示着城市经济实力的同时,也体现着市民的生活品质,传递着城市的文化艺术信息。

但是在各种因素的影响下,目前我国城市的环境景观设施建设在决策、规划设计、开发、管理等方面都暴露出了严重的问题,其中最突出的症结是城市公共设施的整体发展缺乏创新的、健全的、系统的设计理念。每一个城市的环境景观公共设施基本都是一样的,缺乏特色。

1. 明确周边环境的规划定位

郑州是河南省省会,地处中原腹地,是全国重要的交通、通讯枢纽,是新亚欧大陆桥上的重要城市,是国家开放城市和历史文化名城。郑东新区将以共生城市和新陈代谢城市为基础,形成以中原文化与自然环境为背景,集办公、科研、教育、文化、商业、居住等多种功能的新型城区。郑东新区公共设施形象在城市美学、文化、导向、指引、提示等方面发挥着重要作用,是城市建设持续协调发展的有机组成部分。

2. 了解相关环境的文化特色、周边环境

郑东新区有实力,同样也有需求。红白花公园位于郑东新区河南艺术中心北部,作为河南艺术中心的附属公园,延续着河南艺术中心的文化与特色。在这里完善城市景观公共设

施将有利于提升郑州市郑东新区的整体形象,塑造红白花公园公共设施的特色新形象。

红白花公园位于郑州市郑东新区 CBD,与郑州国际会展中心、郑州会展宾馆、河南艺术中心紧密结合,占地面积 155 000 m²,是郑东新区 CBD 的中心公园。植被形式较复杂,四季常绿,三季有花。以红花、白花树木品种为主,其他植被丰富、陪衬、升华公园内的人文景观。

(二)明确设计概念、设计范围

城市公共设施主要用于处理城市的公共界面,即城市的公共设施(包括街道、行政单位、车站、公园、滨湖、广场、剧院、体育馆等)的形象设施、标识牌以及相关环境的规范化设计。

通过观察、研究目前郑东新区红白花公园公共设施现状,了解人们经常使用哪些设施,不经常使用哪些,哪些没有,哪些不够用等。发现郑东新区红白花公园公共设施在使用中的不足,与周围环境是否协调,人们是否乐意接受等。对所出现的问题进行分析、总结、设计出更符合需求的景观环境设施。主要研究休憩座椅方面的设施,以此为基础展开一系列的设计。

1. 明确问题

(1) 红白花公园概况

红白花公园位于郑州市郑东新区 CBD,与郑州国际会展中心、郑州会展宾馆、河南艺术中心紧密结合,占地面积 155 000 m²,是郑东新区 CBD 的中心公园。地形开阔平整,土壤有机质含量较高。日照充足,适合植被的生长。植被形式较复杂,四季常绿,三季有花。以红花、白花树木品种为主,其他植被丰富(图 4 - 29)。

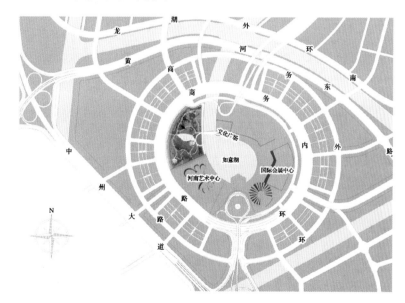

图 4 - 29　区域定位图

(2) 红白花公园环境景观公共设施概况

红白花公园环境景观设施薄弱。通过对红白花公园环境景观设施设计的研究,发现现有的环境景观设施在设计上存在着很多弊端,人们在其认识上也存在很多误区。主要体现在：

①视觉污染：红白花公园的建筑物、道路、环境景观设施等都是公共艺术，应该用艺术的标准来要求。其中的任何一幢建筑、一座雕塑、一块指示牌、一把座椅、一个垃圾容器，无论美与丑，不管是喜欢或厌恶，市民在其中游玩都会看见它，是强制性视觉。不和谐、不美观的环境景观设施是一种严重的视觉污染。

②过于程式化：红白花公园环境景观设施的另一大误区就是千篇一律，过于程式化。设施与环境的融合度、设施的个性与创意，被日趋统一化和雷同化的倾向所冲淡。人们在其中到处可以看到与其他城市相同的面孔。一个公园的环境景观设施固然要考虑到整体的统一和完整性，但是不顾周围景观环境、生态环境地一味追求和谐一致，必将会造成审美上的不和谐。

（三）方案构思与表达（解决问题）

1. 设计原理

（1）色彩的选择：色彩具有直观和联想的作用。作为主色调的红色代表着吉祥、喜气、热烈、奔放、激情、斗志，同时表示爱的颜色；白色是所有可见光光谱内的光都同时进入视觉范围内的，称为全色光，是光明的象征色。白色代表明亮干净、畅快、朴素、雅致、贞洁与包容。

（2）符号、形状的应用：爱的代表为心形符号。图形符号形状信息无论在辨认速度还是在辨认距离上均比文字信息要优越。用图形符号形状来表征信息的另一优点是不受语言、文字的限制，只要设计的图案形象、直观，不同国家、不同民族、不同语言文字的人员均可理解、认读。设计就是以爱的代表心形符号来表达、诉说环境景观设施。

（3）设计美学原理：红白花公园环境景观设施美学作用在环境中有着特殊的重要性。把环境景观设施设计与美学结合起来。设计优良的环境景观设施可以使整个公园大大增色。

（4）环境景观设施设置场所的选定：环境景观设施设置地点的选择，首先放置在需要的地方。其次，要研究公园道路的几何线形、交通流量等对放置位置的影响。

2. 设计过程

（1）设计信息收集和分析

①现场勘察与分析

红白花公园占地 155 000 m²，是郑东新区 CBD 的中心公园（图 4 - 30）。整体的风格现代、明快。公园内部有游客中心，为游人提供方便。公园的道路是发散型，游人可以从各个入口进入公园（图 4 - 31）。公园不设栏杆、大门。公园的休憩设施有两种：一、以膜亭为中点，外围设置环形黑色花岗岩座椅；二、设置弧形黑色花岗岩座椅。

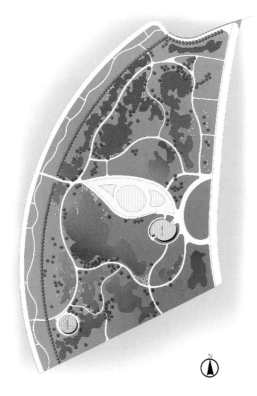

图 4-30 公园总平面图

图 4-31 公园基地设施状况

②问题的提出

游客中心是否所有设施都比较完善，缺什么？主入口没有拦阻设施，机动车辆可以随时进入，对游人的安全是否造成隐患？休憩设施是否符合人们休憩的习惯？公园的环境景观设施还缺少什么？

③设计目标确立

红白花公园的环境景观设施设计就是以"如果,多一点爱"为主题。希望人们在看到、使用这些设施的时候,会多一点爱心。希望红白花公园环境景观设施设计可以使人们建立一种情感联系,使设施设计更富有生命力(图4-32)。

"红与白"是红白花公园的主要色调,同时也是"如果,多一点爱"这个环境景观设施设计的主要色调,凸显的色彩除了让人眼前一亮,同时也隐喻了热情与包容。环境景观设施与环境相融合,合力打造区域文化。

④设计风格:简洁明快的设计思想渗透在整个设计中。

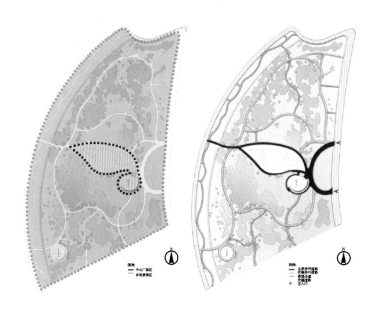

图4-32 公园功能分区、路线分析

(2)方案构思

随着城市化的进展,人们对于城市生活的追求抽象地成为单纯地对于物质的追求,越来越多的人住进高楼,享受着尽可能齐全的现代化电器、家具;品尝着来自世界各地的美味佳肴……但与此同时,人与人之间的隔阂越来越大,社会似乎越来越冷漠……这真是我们想要的生活吗?

设计师通过植物、雕塑、壁画、照明、建筑小品及公共设施等手法使空间更富情趣,使城市秩序更富人性。设计师和艺术家一样,在改善环境的同时希望将自己的观念、感受和哲理传达给受众,希望受众在享受的同时和设计者产生共鸣。

我们有多久没有倾听鸟语花香;我们有多久没有观看蓝天白云;我有多久没有问候亲朋好友;我们有多久没有放下压力,只为快乐烂漫;如果,多一点爱,是不是一朵花开也会让我们感动;如果,多一点爱,是不是一片蓝天也会让我们放松心情;如果,多一点爱,是不是就连陌生人之间相遇也会点头微笑;如果,多一点爱,是不是人间就处处充满温情。是的,如果多一点爱,多一点心,我们会发现世界如此美好,人间处处有温情。

整个公园经仔细考察,发现公园没有及时为相机、手机等充电的即时充电设施,这给游

客造成极大不便。经分析,游客中心是红白花公园的主要建筑,也是它的标志性建筑,在游客中心出入口墙上设置即时充电器,随时为游人提供帮助。

公园主入口处没有拦阻设施,机动车辆可以随时进入,给游人的安全带来一定的隐患。在主入口设置拦阻设施,拦阻机动车辆,同时,拦阻设施应不阻挡儿童推车及轮椅的进入。

公园现有休憩设施,颜色、形式单一,没有设计感。重新设计以人为本、带有设计感的设施。

公园的植物种植层次丰富,种类多样,但是它没有水生植物,为了丰富红白花公园的植物配置,也为了让夏天多一点清凉,设计荷花种植容器。

公园的灯具过于直白,换一种表达方式,换一种设计思路。

(3)方案草图表现(图4-33、图4-34)

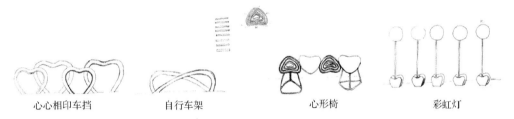

心心相印车挡　　　　自行车架　　　　心形椅　　　　彩虹灯

图4-33　心心相印车挡位于红白花公园主入口处,主要是为了阻挡机动车辆进入公园,同时它前后车挡的间距不会妨碍轮椅与儿童推车的进入;自行车架位于红白花公园的主入口处道路北面,规整秩序的设计,除了给自行车主明确自行车的停放位置,也为视觉带来享受;以红白为主色调,以爱为名,设计了一系列的心形座椅。它改变了以往我们对室外座椅比较厚重的认识,以一种轻盈的形式出现在室外环境中。简洁、轻巧,符合现代人的审美;彩虹灯的设计灵感来源于天边的彩虹。彩虹化作灯具照亮路边。它可以随意放置在道路两边,也可以作为限制特定环境的边界使用

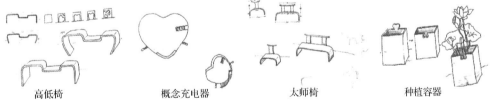

高低椅　　　　概念充电器　　　　太师椅　　　　种植容器

图4-34　高低椅用一种流畅的线条把一把室外椅分隔成了三个座位,高低错落的座位适合不同的人群,成年人与儿童都可以找到舒适的休憩方式,且轻巧、简约,改变了一般户外休憩座椅笨拙的形式;概念充电器设置在游客中心入口处墙上,不占空间。主要为手机、相机等充电使用,同时兼具钟表的功能。它充电的前提:所有的手机充电器接口都要统一为USB接口;太师椅位于游客中心附近的道路上,虽然有"太师椅"的庄重却没有"太师椅"的厚重,而改为一种简约的造型、亮丽的色彩,带给游人"耳目一新"的感受;红白花公园的夏季没有水生植物,对游人来说,这是一种遗憾,种植容器主要为夏季种植荷花使用,它一改普通种植容器沉闷的色调,采用清爽、典雅的图案、造型,也为夏季带来一点清凉

（4）平面视图（图4-35、图4-36、图4-37、图4-38、图4-39、图4-40）

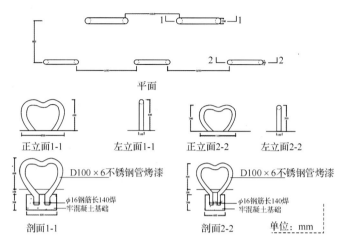

图4-35　心心相印车挡尺寸视图

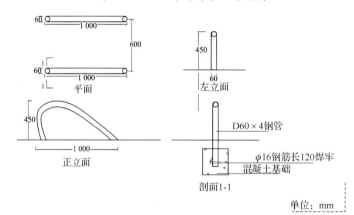

图4-36　心形自行车停靠设施尺寸视图

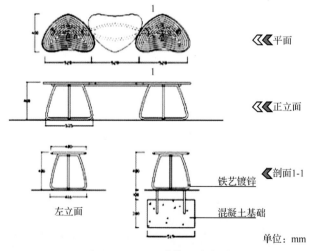

图4-37　心形座椅尺寸视图

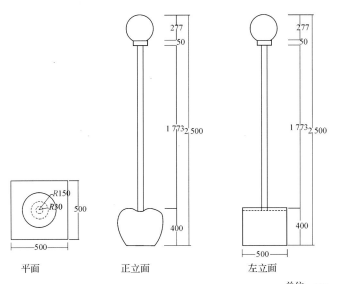

图 4-38　彩虹照明灯具尺寸视图

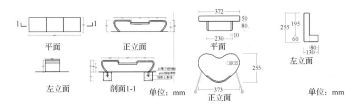

图 4-39　高低椅、心形充电器尺寸视图

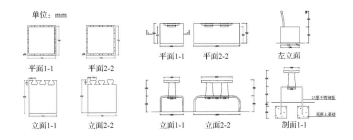

图 4-40　太师椅尺寸视图

（5）计算机效果图表现（图 4-41、图 4-42、图 4-43、图 4-44、图 4-45、图 4-46、图 4-47）

图4-41　心心相印车挡

图4-42　自行车停靠设施

图4-43　充电器

图 4-44　心形公共座椅

图 4-45　彩虹照明灯具

图 4-46　高低椅

图 4-47　太师椅

（6）模型加工制作（图 4-48）

图 4-48　心形公共座椅小比例草模型

3. 设计结果

环境景观设施作为城市基础设施的一部分，无论过去、现在和将来都是必不可少的，红白花公园的环境景观设施在设计上统一围绕一个主题："如果，多一点爱"，在此主题下做了一系列的设计。它们美化着公园的环境，使公园的环境变得温馨惬意，红白花公园环境景观设施设计充分体现对人的关怀，构筑市民的精致生活。

自行车架、心心相印车挡、心形椅、彩虹灯、高低椅、概念充电器、太师椅、种植容器，无论哪样设施，都充满着浓浓的爱意，无处不体现对人的关怀，对环境的研究分析，同时它也是设计师自己设计理念的表达，希望受众通过身边的设施，得到切实方便的同时，也感受到浓浓爱意，从而更加关心自己身边的人与事，更加珍惜现在的生活，体会到社会处处有温情。

第五章
公共设施的设计应用

一、公共信息设施设计

公共信息设施是城市环境设施的一个分支,伴随着城市建设的飞速发展和城市规模的日益扩张,城市公共信息设施已经成了城市基础设施当中形式设计最为灵活、重要程度最为明显的内容之一。它的设计不仅仅关系到信息设施本身具体形式的设计,而且是城市设计当中一个非常重要的组成部分。这类环境设施不仅仅作为单体机能的环境设施出现,作为复合机能互相联系的环境设施可以更好地发挥其社会效益,并可为今后投入系列性的信息系统环境设施的开发,对提高环境的质量具有一定意义。

广义的城市公共信息设施范围除了环境艺术设计当中所涉及的信息设施之外,还包括通信类设施如电视信号发射台、电缆通信设备以及标志性建筑、雕塑、纪念台等地标类设施。狭义公共信息设施主要是指城市当中以传递信息和提供通讯服务为主要目的的设施,比如电话亭、指标、路标、告示牌、旗帜、广告牌等带有文字和图片说明的标识。这些信息设施的具体功能、风格、形式、色彩、配置等,应依据所在场所空间环境的性质和要求来进行综合设计。

(一)环境标识导向设计

标识导向设计是公共环境设施设计中不可或缺的一部分,在很多的环境规划设计中,通常是将规划师、建筑师与公共设施设计师的设计思想综合在一起来进行公共空间环境的标识设计。标识导向在整个城市环境的布局中,通常位于街道、路口、广场、建筑内外及公共场所的出入口等处,起到给人们正确地指引方向和引导行为等作用。因此,重要的信息必须以图像式的"视觉语言"的方式直接地表达出来,例如,采用标识、海报和告示牌等方式,用电子的、有色彩的、不断运动的和变化的载体来实现。由于它们都是一些被认为非常重要的信息,所以我们要最大限度地把它们设计得既有影响力又有冲击力,同时看起来还应该简单明了。

1. 标识的含义

如果缺少环境标识,可以想象城市将会变得如何混乱。标识是一种通过设计的视觉形式以精炼的形象代表或指称某一事物。具有显著符号、图形的特征，它主要功能是简捷、迅速、准确地为人们提供各种环境信息，识别空间环境，是城市空间中传达信息的重要工具，是环境的最主要设施之一。它不仅要求与环境相协调，还可增加城市的繁荣气氛。其表现形式较多，主要是二维空间的平面设计与立体造型设计。作为传达信息的媒介，标识设计主要目的有：首先，为人们提供容易理解的城市环境构造，提供秩序化的信息；第二，通过形、色、配置的实体促使提高单纯明快的行动能力；第三，构筑地域性的标志以提高环境的整体质量，而且具有创造性构思的效果。

标识作为环境设施自古就有之，它是构筑集体生活、建设城市开始时便存在的。任何城市中均具有多种类型的标识设施（指示性、象征性、公共性标识等等）。如我国古代商业标牌、商号的标志；西方各国商店看板中的雕刻绘画文字看板，构成了街道的景观。环境标识设施按照自然的风景或者具有特征的建筑物、街道的景色而设置。

现今，人们的环保意识不断增强，环顾现在城市的环境，这类环境标识设施出现无秩序地泛滥，使城市环境的质量日益下降，使人们的视觉受到伤害。劣质的信息系统破坏着环境设施并影响了环境的质量，妨碍了有效的信息传达。为此，在环境设计规划中传达信息内容的这一机能的设施与环境的协调，具有现实的重要性。

2. 标识的分类

标识被定义为人类社会具有识别和传达信息功能的象征性视觉符号，犹如一个庞大的家族，包括领域标识、机构标识、会议标识、商标、环境标识、交通标识等。下面主要详细介绍其中对城市环境起揭示与限定、引导作用的部分标识。

（1）领域标识

领域标识是城市及其所属各级区域的行政和社会徽记。城徽是城市象征的形象表达，是城市交往的符号信物。它是标识系统中的重要部分，但和商业标识、环境标识以及团体会议标识的根本区别在于它对较高层次的领域起着限定和强调的作用。城徽揭示了城市的主要特征。如古希腊时期，代表自己城市的印玺、旗帜和徽记，随着政治、经济、文化的交往和流通即已出现。11世纪后，许多欧洲城市开始确立了沿用至今的徽记。20世纪90年代初，我国的许多大、中城市曾经酝酿过自己的城徽、城花。随着香港和澳门的回归，其区徽图案已经广泛运用于社会生活和世界舞台（图5-1，图5-2）。

图 5-1

图 5-2

领域标识设计除通常标志设计所要求的简明性、易识、易记以外，还要建立一种生动的特有意象。它以艺术的形象或图案表示抽象的意义，并应用象征性、含义性和美术性手段使这种意义提升，实现设计者与使用者以及观赏者之间感情的相互沟通。

（2）环境标识

环境中的标识是一种大众传播的符号，是用形态和色彩将具有某种意义的内容表达出来的造型活动，一般由文字、标记、符号等要素构成。它以认同为基本标准，对提高城市公共空间环境的质量和效率，担负着不可或缺的角色。

标识系统由信码、造型和设置构成。

环境标识信码，指具有约定俗成的符号信息。必须具备易记易识、通俗明了的特点。运用方式有图形、文字、色彩等方面。不同的图形可以传达不同的含义，比如圆形意指警告、不准某种行为的实施；三角形意指规定、限定某种行为的实施；方形或矩形意指信息，说明引导、指示告示的简要内容。符号是一种特定的图形，作为具体的说明。比如箭头（图5-3）意指行进方向，可以表述上、下、左、右以及侧斜上、侧斜下、侧斜左、侧斜右等八个方向，常用于楼梯、电梯、房门、通道和建筑入口等处；三角符号或圈号（图5-4）加斜线意指警告和禁止，比如不准吸烟，禁止通行等；方框（图5-5）意指告示、公布信息或指明上述符号以外的事故。符号可根据不同的使用目的与外形结合。

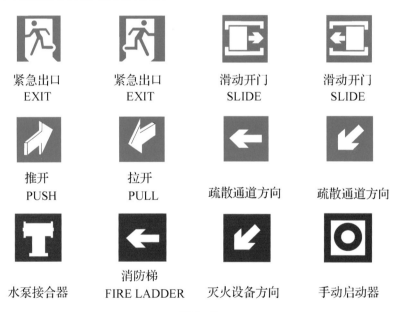

紧急出口 EXIT	紧急出口 EXIT	滑动开门 SLIDE	滑动开门 SLIDE
推开 PUSH	拉开 PULL	疏散通道方向	疏散通道方向
水泵接合器	消防梯 FIRE LADDER	灭火设备方向	手动启动器

图5-3

重大危险安全警示标志牌式样

图 5－4

 循环利用　 小心轻放　 易　碎　 防　晒　 向　上

　　　 防　雨

图 5－5

标识牌的造型是根据传递的主次信息、位置、观感以及环境的限定而制定一系列标准的，尤其是特殊地域中的标识系统。标识牌的造型处理不好，不但不能确切反映其特质和内容，而且在环境中易于造成环境意象的混乱。标识牌高度一般应设定在人站立时平视视线范围以内，从而提供视觉的舒适感和最佳能见度。标识的固定方式有独立式、悬挂式、悬臂式和嵌入式等，它们各有特点，具体根据环境特点和经济成本而选择。

环境标识则以自身照明为宜。标识的材料运用较为广泛，常用的有塑料、玻璃、木材、陶瓷、不锈钢以及其他金属、化学材料等。制作方法以印制、镂刻、喷漏、电脑喷绘为主。

环境标识的发展趋势显示出标识形式的信号化和艺术效果的广告化。一方面，信号化的标识设计要着重考虑其应具备的强烈的刺激性、识别性和记忆性；另一方面，广告化的标识设计在视觉上要具有冲击力和赏心悦目的艺术性。现代标识大量运用新的设计方法、新型材料和与其相适应的制作工艺，以及现代化的声、光、电等手段，以求保持视觉及公共环境的高度秩序和建筑空间与公共场所的高品质视觉效果（图5-6）。

图 5-6

（3）交通标识

在交通量成倍地增大，在同一个城市环境中如各种交通工具、速度、运输手段、运行系列等不同的情况下，尚需研究和处理人与交通工具的管理、控制方式的多样化的问题。例如，在道路险要地段由于缺少必要标识牌而增加交通事故发生的可能性问题。

交通标识设置影响着人们行动的路线，故其应置于各种场地出入口、道路交叉口、分支点及需要说明的场所，与所在位置无论尺寸、形状、色彩均应尽可能相协调，并与所在位置的重要性相一致。一般标识牌有支柱型与地面型两种。重要标识可利用光、声等综合手段，强化其标识的指示作用。城市交通标识包括各种车的行驶方向的标志、经过地点的标志、停车场标志、街巷功能标志、禁止交通标志和慢速行驶标志等（图5-7、图5-8）。

图 5-7

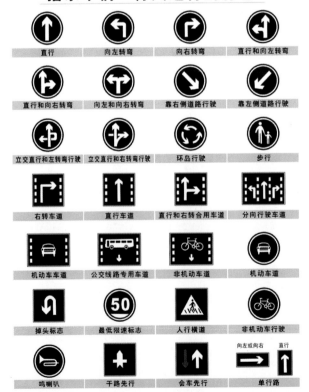

图 5-8

（4）公共设施标识

公共设施标识即城市一般设施的引导性标识和商业标识以及具有一定文化特征的观光标识。设计独特性强调了标识应简单明了，具有较强的科学性、解释性。尽可能采用国际、国内通用的符号传达信息，使不同国籍、不同语言的人均可识别。

需要以国际化的图形，即图形语言这种形式来沟通不同国籍人们的思想，冲破语言的障碍，使人们能够在世界范围内取得共同的认识，自由地行动。为此首先于 1947 年 8 月，在国际日内瓦会议上通过了国际交通标识的制定和普及提案。因为这个提案的交通标识属单纯明快的设计，易于世界各地人们理解，所以在欧洲大陆各国广泛使用，并在全世界普及。接着各种国际活动也陆续提出了各类国际通用的标识。在一些特殊的场所，常要求将信息传达给不同国家的人们。尽管有许多约定俗成的符号得到世界的认可，但并不存在"世界性"的符号标准。例如国际流通标志的奥林匹克运动会、国际红十字会标识、国际航空运输协会等国际活动场所使用了这类国际化的绘画语言(图 5－9)。

图 5－9

1963 年春，在荷兰成立了国际图形设计团体协会向世界各地招募国际性标识。首次招募的主题包括信息和确认、方向指示、规制和警告三大类 24 种，1967 年在国际图形设计团体会议上发表。但是在实际使用中由于文化、语言、思维方式等不同，各国和各国际团体对同一意义的标志在设计上仍有不同的图形表示，而构成略有区别的标识。

3. 标识的表现

以上各种标识，在实际的设计过程中，有以下具体的表现方法：

（1）文字表现

文字是最规范的记号体系之一，标识较多地利用文字，能够确切地传达信息。但是在信息较多的情况下，文字难以获得瞬间的视觉认识，因此一般会采用文字和图形搭配。字体的规范、清晰、内容的准确等，对于处于运动状态的人们的识别尤为重要。实践证明，粗壮的黑体字等在一定的尺寸和距离范围内都易于使人在高速运动中识别且信息传达快速。底色与文字的对比越强烈,传达速度越快。饱和度、明度高的字体被照射时,反光和透光性强(图 5 - 10)。

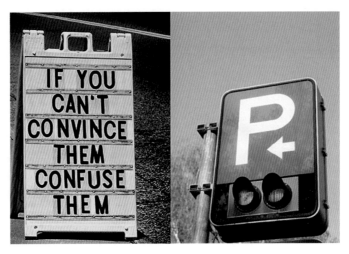

图 5 - 10

(2)符号表现

符号是能够在短时间内传达较容易理解的语言意义的重要元素,起了瞬间理解的标志的作用。例如,以符号表现方向,以男、女图形表示不同性别的厕所等(图 5 - 11)。符号具有较清晰的传达信息作用,即使不认识字的人也能较好理解。特别在国际交流的情况下,各个不同语种的人们聚集一起,绘图记号这类标志性传达信息形式,起了极大作用。但是有时也难免造成不必要的误会,因此绘图记号首先应采用国际社会中已经普遍通用的记号。对于新构筑的绘图文字应采用共同性和易理解的记号。

图 5 - 11

(3)图示表达

使用地图形式的引导牌就是这类形式。引导人们认识城市的构造,或者确认建筑方位,或者为了了解具体设施的特征而加以表示,一般图照片、平面图、地图构成引导牌,通常为适合其引导的目的,以简略化加以表现。(图 5 - 12、5 - 13)。

图 5 - 12　　　　　　　　　　　　　　　　　　　　图 5 - 13

（4）立体物表达

在公共场所以立体物作为表现标志环境设施,更有利于体现环境设施本身的标志机能,有利于人们的视觉认知效果,按照其视认性,作为标志而被利用。例如为了限制车辆的速度以警察的人形或汽车形表示其目的;在垃圾箱前人们只要仅仅观察其形态特点,便可知道它的功能(图 5 - 14)。

图 5 - 14

（5）色彩表达

色彩具有确实的表达意义,作为社会性共同规律的色彩,完全能够加以充分利用。众所周知,交通信号灯红、黄、绿三色具有特定的意义。而且色彩本身也具有其特征,色彩与人的心理反应具有一致性,如红色表示热情、危险;蓝色表示平静、理智;黄色表示光明、希望。在应用上,红色更多地表示了交通、警示方面的信息;绿色表示邮政、通畅方面的信息;黄色用于表示商业或旅游方面的信息。而且作为不同类型的标志牌,应有不同风格的色彩。因此,对色彩的特性,设计时应极为重视。

另一方面,在利用色彩作为传递方式的情况下,以色彩的差别而加以区别化,可获得整体的辅助效果。例如,世界各地的地铁的色彩按照线路区别而分别采用不同色彩;在美国使用不同色彩表示停车地区的差别,如白色表示残疾人用车的停车场,绿色表示一股停车场,红色表示禁止停车,黄色表示允许停车时行李货物的存积场所等(这些情况下,经常与文字并用)。

使用色彩要求注意以下方面:一. 大众对色彩的类别和记忆能力有限,一般仅限于3~5种色的判别能力。为此,色彩不可过多使用,否则导致信息过量难以准确传递。二. 按照内容设置色彩具有一定的色调。根据整体使用情况色调与内容相统一,产生有效的作用,色调也要注意统一中求得变化。三. 特定意义所使用的色彩,如红色表示禁止和注意、消防、道路信号等所限定的标志色彩。除了以上法律规定的使用色彩外,也应重视视觉机能的色彩使用。文字、图形及引导地图等也应使用引起直观效果较佳的色彩。

(二)广告牌的设计

广告是商品经济的产物,现代广告充斥在城市的每一个角落,广告传播媒体通过明示的介质(广告牌、柱等)传达信息,如路牌广告、张贴广告、立体广告等。这些设施一般被设置在城市中心或热闹的街道等场所,与街道、建筑共同组成现代都市景观。

1. 广告牌的设计要点

(1)要求造型、横竖取向、长度、面幅、构造方式与所在的建筑立面的造型、性质及结构特点保持一致。

(2)广告牌集中设置,将多种广告内容按照统一规格和照度进行统一式集中处理和管理,以增强空间的秩序感和视觉美感,避免视觉污染。

(3)要注重夜间整个广告的视觉整体效果。

(4)广告牌的设计和设置要符合道路和规划方面的管制规定,注重安全性,避免事故发生。

(5)在一些风景观光、古迹保护地区、社会行政等特定区域,要注意其与环境特征、性质的协调。

2. 广告牌的形式

通常广告有如下几种广告信息媒体形式:壁面广告、立体广告、张贴广告、设施广告等。

(1)壁面广告

在墙面或支撑面上绘制的大型广告画称为壁面广告。这种广告形式画面醒目,传递信息效果显著,可呈现出美化环境的艺术展示效果(图5-15)。

图 5-15

（2）立体广告

现代商业营销活动的发展带动了广告的增多和表现形式的变化,以前二维平面形式的广告在商业产品的展示方面效果不佳,因而出现了三维的立体造型和广告形式,它不仅可满足传递广告信息的作用,而且还具有美化环境的装饰作用(图5-16)。

图5-16

（3）张贴广告

纸制印刷的张贴广告,可根据展示的面积,准确快捷地制作,传递信息快捷,易于更换(图5-17)。

图5-17

（4）设施广告

设施广告是结合候车亭、标识牌、报亭、邮筒、天桥等设施的界面进行展示的广告形式,这种广告形式不仅保证了设施的功能性,还具有环境的装饰性。它通过结合多种设施设置在人流量大的位置,可以起到很好的广告宣传效应。新材料新技术在商业广告方面的应用,如发光材料、光电纤维、超大液晶显示屏幕、巨型霓虹灯等,使广告的展示形式丰富多样。广告竞争的空间越来越大,广告的展示甚至成为一个城市的标志(图5-18)。

图 5-18

(三)公共电话亭的设计

公共电话亭在城市的规划系统中按照人们的信息需求进行分布,满足人们的活动需要。在现代化的都市里,电话亭是人们进行双向通讯信息联络不可缺少的必要设施。公共电话亭的设计也应能反映各个国家和城市的地域特点。

1. 公共电话亭的形式

(1)隔音式:四周都是封闭的界面布置,空间围合感很强,具有良好的气候适应性和隔音效果(图5-19)。

(2)半封闭/半开放式:不完全封闭,但从整体形式上看空间围合感较强,具有一定防护性和隔音性(图5-20)。

(3)开放式:依附于墙、支座等界面或支撑物上,空间围合感不强,隔音效果差,防护性差,但是外形轻巧,使用便捷(图5-21)。

当然,在何处使用何种形式,可根据设施所处的环境和人们使用的频率来进行分类和安排。

图 5-19   图 5-20   图 5-21

2. 公共电话亭设计的注意事项

(1) 出于使用便利的考虑,电话亭的设置一定要以不妨碍行人行走为前提。与此同时,还要最大限度地给使用者提供适宜的通话环境。

(2) 在道路上放置电话亭后,应确保有 1.5 m 以上的行走空间,还要注意不要将电话亭放置在行人行走路线变化较多的区域。

(3) 还要采取相应措施,使通话者免受周围噪音、雨雪天气等的影响。因此,最好使用封闭式的电话亭。但是,这种电话亭占道较多,会妨碍行人行走。建议将电话亭放置在空地上或是花池旁。还有,考虑到雨雪天气街道地面积水、积雪的影响,电话亭最好放置在比地面高出数厘米的基座上。

(4) 如果采用开放式的电话亭,使用者在过往行人的注目之下容易显得不安。在这种情况下,可将电话亭面向树木设置,使用者可以背对着树干,从而减轻不安的感觉。

(5) 电话亭的设置还应充分考虑周边地形、环境的特点。在坡路上,有基座的电话亭给人以稳当的感觉。电话亭基座的设置还要考虑到和路面的结合问题,如果路面采用小块石材铺装,基座的铺装也可考虑使用同一方法,以达到环境的整体和谐效果。

(6) 设计应考虑设施本身具有抵抗风吹、雨淋、日晒的能力,采用铝、钢等金属框架、有机玻璃等材料为主(图 5-22、图 5-23)。

图 5-22   图 5-23

二、公共交通设施设计

公共交通设施设计包括候车亭、拦阻设施、地面出入口、领域出入口、人行天桥、自行车停放设施、自动售票机或打卡机等与交通安全、便利等方面有关的设计。它的设置不仅使人得到足够的安全感,而且对整个城市的环境规划和街道布置等起到促进和完善的作用。

(一)候车亭的设计

候车亭的设计是城市文明、城市经济发展的一面镜子,作为交通系统的节点设施,是方便城市人口出入乘车时候车、换车的场所,也是缓解客流、提供便利的快捷中转站,为人们的生活带来快捷和方便。由于乘客的流动性大,在候车厅停留时间不长,改善候车环境,强调人性化的设计,创造方便、简洁、快捷的环境非常重要。因此候车亭的主要功能就是为候车

的人们提供一个可以遮风避雨的、方便临时休息的公共场所,同时材质上要考虑防雨耐腐蚀,所以通常采用不锈钢、铝材、有机玻璃等耐用、易清洁的材料,造型上还应保持较为开放的空间构成(图5-24、图5-25)。

图 5-24

图 5-25

根据实际场地的空间条件,空间尺度基本满足的情况下都应设置候车亭或廊,并结合站台、站牌、遮篷、隔板、照明、垃圾桶、休息椅、电话、时钟、广告、信息告示等配套设施,体现多功能的特点。当然对于路面过窄、车辆停留时间短、乘客数量少的停车点,可以设置简单的站牌标识。一般城市中的候车亭的长度不大于 1.5~2 倍的标准车长,宽度不小于 1.2 m。新型的设计创作应尽量引入节能环保的设计理念,如太阳能供电方式,或环保型材料的再利用等,目前公共候车环境在座椅设施、交互式信息系统方面还存在许多的不足。

1. 候车亭的设计要求

(1)具有易识别性。候车亭在造型、材质及色彩的运用上都要有易识别性,这样才能使乘车者方便地找到候车地点,节约时间又美化环境。尽量靠近树木,树木可以起到突出位置和局部遮阳挡雨的作用;凹进的站台是路面景观中较为引人入目的设施,一般可以利用地面铺装予以强调,站牌规格应统一,且设置醒目。

(2)与所在环境相一致。候车亭一定要与环境相协调,不管是外形还是色彩能与周围环境相协调,不至于太唐突让人感觉不自在。一些国外城市的做法是采用玻璃顶和侧板,减少防护栏和支柱等构件,这样可以减少街道景观的障目之物和繁杂感,也可以利用其通透性,在廊内向外观望。

(3)要能反映城市和地域的特色。各个城市的候车亭不要照抄照搬,没有特色,应结合当地的文化和风俗进行设计。比如苏州的候车亭(图5-26),就是为了适应园林气氛,把候车亭都建成仿古的亭子样,既有候车亭的特点,又有古代园林建筑的特征,使整个城市赋有园林的气息。

(4)增加人性化的辅助设施。候车厅是供乘客等候公共汽车的地方,因此要划分和预留其应用的空间范围,有条件的增设一些供乘客休息、使用的便利辅助设施,如公共座椅、线路标识等。候车厅的座椅一般有座椅与靠椅之分,座椅即可以完全坐下的椅子,靠椅是可以站立倚靠的,方便人们短时间的休息。这类椅子体量较小,适宜空间较小,一般在人流较多的候车厅使用,可以用折叠、旋转的方式来进行造型设计,便于收起,减小占地空间。线路标识是候车环境不可缺少的功能,每个候车亭除有自己的站和过往公交车在本站停靠的车次标牌外,还要有车次上行与下行的站名、目的地和发车始末时间,标识文字等信息应清楚明了。随着科技的不断发展,有很多新型技术也可以应用在候车亭设计中,比如电子信息站牌、自动报站系统、多媒体信息查询机等,给候车的人们提供更多的便利条件(图5-27)。

图5-26

图5-27

2. 候车亭的造型设计分类

(1)半封闭式

公共候车亭一般位于街道两侧方便人乘车的地方,因此半封闭式的候车亭是最常见的候车亭形式,其主要特点是造型醒目、功能多样、空间利用充分。主要表现形式是:面向前面的道路和公交车驶来方向不设阻隔,通常在背墙应用顶棚,结合一侧或两侧的面采用隔断形式与外界分离,用玻璃分隔可透看景色或有效利用侧面配以广告海报、交通标识信息、资讯等。半封闭式候车厅主要组成部分有遮阳篷、背板(广告牌)、隔板和挡板、支柱、标示牌、公共候车空间、座椅、夜间照明及个别的增添功能,如半封闭的电话亭、配套的垃圾桶等,其设计可以结合地段条件灵活掌握,其造型可以和设计意图紧密结合,恰当地利用材质和色彩,表现不同特点的候车亭(图5-28)。

在设计时要注意候车厅最基本的防晒、遮风、避雨的功能的完善,公共汽车的尾气流通给予乘客和车辆的空间安全,以及地面清洁、排水、防滑和防绊等问题。

(2)顶棚式

只有顶棚和支撑设置,顶棚下部为通透的开放空间,方便乘客查看来往车辆,可单独设置标识牌等,或结合支撑结构设置座椅。顶棚式候车亭可以依托现有环境设施作为背景,把候车亭做成环境的装饰品,也可以位于空间环境中,左右通透,便于观察周围的车辆,功能也可随所在场所的需求可添可减。造型多变,方便灵活,装饰性强(图5-29)。

图5-28

图5-29

（二）拦阻设施的设计

拦阻设施在不同的空间环境下，扮演着不同的角色，起到了不同的作用。在交通室外环境空间中，它是具有强制区分人和车辆作用的设施，使人们增强安全意识，具有保护作用；它在室内的公共空间环境中，根据空间中存在使用功能不同的需要，有必要进行有效地限定、划分空间、设置拦阻；它在室外景观环境中，用作划分不同功能空间而进行围合拦阻。

拦组设施设计包括阻车装置、护栏、扶手等。拦阻设施设计根据所采用的结构手法和造型的不同分为墙栏、护柱/栏、凹陷沟渠、地面铺装等。

1. 墙栏

墙栏是强制性拦阻的设施，它通过体量较大的有形介质分隔内外空间领域，在进行设计的时候要注重色彩、造型、高度、材料等与被限定环境性质特点相一致。根据高度的设置和通透程度不同，可分为：

（1）实墙拦阻设施

实墙拦阻设施能有效地防止入侵和减少噪音、隔绝视线，私密性强，用于比较封闭的环境空间中。有时会以遮挡声音的防音壁的形式存在，常设于与学校或居住区临近的道路两侧，高度通常不超过 5 m（图 5 - 30）。

（2）漏墙造型设计

漏墙造型设计是在实墙的基础上做局部镂空处理，镂空部分的造型要考虑与环境的协调。它也可以有效地防止他人干扰和减少噪音，遮挡视线的私密性强，用于比较封闭且与外界有一定联系的环境空间（图 5 - 31）。

图 5 - 30　　　　　　　　　　　　　　　　图 5 - 31

（3）段墙

段墙是具有限制的半阻拦性设施，起到划分空间和引导方向的作用（图 5 - 32）。

（4）栅栏

栅栏是全镂空围墙，能使内外空间有视觉上空间层次的延伸。不遮挡视线，但仍然具有很强的防护作用（图 5 - 33）。

图 5-32

图 5-33

（5）栏杆

栏杆可以看做是高度低于 60 cm 的栅栏,它不影响人们的视线,只是对人们的行走目的有领域限制的作用。要特别注意的是,栅栏或栏杆的间隙和高度设置要考虑安全性。如果不需要阻拦外观视线,则以通透的栅栏为宜,但应注意栅栏立杆的间隙和高度得当,不致给儿童穿越时带来意外。墙栏的顶端处于临近行人的最佳视野内,需要注意这一部位的细节处理,不要搞成尖刺或端头朝外等威胁性造型（图 5-34）。

图 5-34

2. 护柱/栏

护柱/栏可以是固定的,也可以是移动的,高度和拦阻强度不如墙栏,属于半拦阻限制性设施,具有一定的空间划分和导向性作用。在满足功能的情况下,采用整个环境一致的造型及色彩的美观性护柱/栏设计,简化了视觉空间,丰富了景观环境。在步行街入口、商业街入口、广场入口、居住所等场所,护柱/栏起到防止车辆侵入或限制行人穿过的作用（图 5-35）。

图 5 - 35

护柱/栏的高度一般设置在 40～100 cm,间隔为 60 cm,考虑到残疾人的出入方便,间隔可为 90～120 cm,护柱前后应有 150 cm 左右的轮椅活动空间。一般采用混凝土、金属、塑料或石材等材料制成,能够抵御外力的冲击。设置方式分为固定式护柱、插入式护柱、可动式护柱。护柱/栏的色彩、材质、造型、高度、间距、布阵形式应根据所在环境场所的要求而灵活设计。

3. 地面铺装

地面铺装是指用各种材料对地面进行铺砌装饰,是人们为了便于交通和活动而铺设的地面形态,它的范围包括园路、广场、活动场地、建筑地坪等。它可使地面表层稳定并富有变化,起到划分空间、装饰和美化景观环境,甚至涉及导向标识和控制排水等功能(图 5 - 36、图 5 - 37)。

图 5 - 36

图 5 - 37

地面铺装的分类有很多种,常见的是按使用材料进行的分类:

(1) 整体路面

整体路面是指用水泥混凝土或沥青混凝土进行统铺的地面。它成本低、施工简单,并且具有平整、耐压、耐磨等优点。适用于通行车辆或人流集中的道路,常用于车道、人行道、停

车场的地面铺装,缺点是较单调。

（2）块材铺地

块材铺地包括各种天然块材、各种预制混凝土块材和砖块材铺地,主要用于建筑物入口、广场、人行道、大型游廊式购物中心的地面铺装。天然块材铺装路面常用的石料首推花岗岩,其次有玄武石、石英岩等,一般价格较高,但坚固耐用;预制混凝土块材铺装路面具有防滑、施工简单、材料价格低廉、图案色彩丰富等优点,因此在铺地中被广泛使用;砖块材是由黏土或陶土经过烧制而成的,在铺装地面时,可通过砌筑方法形成各种不同的纹理效果。

（3）碎料铺地

碎料铺地是指用卵石、碎石等材料拼砌的地面。它主要用于庭院和各种游憩、散步的小路,具有经济、美观、富有装饰性的特点。

（4）综合铺地

综合铺地是指综合使用以上各类材料铺筑的地面,特点是图案纹样丰富,颇具特色。地面铺装的能起到分隔空间和组织空间的作用,道路的规划使游人能够按照设计者的意愿、路线和角度来观赏景物。因此,我们可以通过地面铺装设计来增加游览的情趣,增强流线的方向感和空间的指引性。在地面铺装设计时要注意材料的质感、色彩与环境的协调,砌块的大小、拼缝的设计与场地的尺度的密切联系。

（三）交通出入口的设计

出入口是指不同的空间领域与其他通道的连接处,出入口的设计包括地面出入口、领域出入口等,起连接城市道路与其他通道的作用,如地铁出入口、地下通道口、隧道口等。在功能结构上有划分空间、限定流线、明确行走方向等作用,在造型上结合与环境协调的设计手法表现出一定的空间秩序感和景观美感。

出入口设计在形式上大致分为大门、地下出入口。

1. 大门

大门是限定空间和连接内外空间的通行口,作为环境设施在城市中内容最为丰富,形象也多种多样,是进入空间的序列,也是进入空间时外部的唯一视觉焦点。作为环境设施,大门分为院门和标志性大门。院门是指进入公园等的小品建筑,常和绿篱、墙体、建筑相结合,比较强调内外领域的分隔,强制性地限制人车的出入。标志性大门则是分布在公共空间中,位于空间的序列或中央,只是界定空间的标志,并无实际门的作用,不影响人车的通行,是人们心理上形成的门的概念,起到地缘和地域地标的作用。它们的主要构成要素是门柱、门额。

在院门设计中,应该合理地安排门的宽度和高度,门的高度和跨度尺度控制应根据空间性质决定;门额的加设与否要根据道路宽度、人车流量、空间尺度与性质、建筑特征、临近街道空间性质及景观视觉等因素综合考虑;门柱的排列方式、色彩、材料、安设位置和结构的选择应和周围的环境、主体建筑保持协调;注重院门外正反两面的造型处理;注重结合附属设施的安置和功能作用。院门作为入口是内部领域空间序列的开始,作为出口则是内部空间的终结,也是街道环境的起点,院门及两侧的景观起到内外空间衔接的作用(图5-38、图5-39)。

图 5-38   图 5-39

标志性大门是区域的坐标,是所在场所性质的体现,以其独特的功能和形象,在环境中被人们所熟知。中国古代的牌坊就是一种标志性的大门,它具有划分街道空间、强调秩序和歌功颂德的作用。标志性大门根据所处的位置和所在区域的历史、社会、文化的意义,奠定其在整个环境中所起到的作用,标志性大门主要设置在商业街、城市广场、公园、居住区甚至城市入口等处,起到划分、限定空间,突出区域特点,体现场所性质,具有空间地域或城市地标的作用。对于标志性大门的设计应该综合考虑其民族特征、地理关系,在体量、造型、色彩、材料等方面反映区域的特点,与多功能设施结合,如借助建筑,加计时、天气、交通等信息传播系统,对所有区域环境起到活性化的作用(图 5-40、图 5-41)。

图 5-40   图 5-41

2. 地下出入口

地下出入口指地铁入口、地下街道入口、过街地下入口、隧道入口等。一般设于地面交叉路口附近,为了便于行人通过或到达换乘站,地下出入口应分段设几处。主要构成要素有围栏、顶盖、支柱等。设计要点:过街地下通道一般采用浅埋式,在设计时应考虑与埋设(或暗挖)的地铁站相互衔接,应结合场所空间需求设置多个洞口;地下出入口的洞口或地面建筑应避免进出人流对过往行人的干扰,以及设施对城市交叉路口景观的影响,尽量设置与建筑红线以内或与地面建筑结合起来;为减少入口设施对城市空间的封堵,在城市节点和广场中的地下入口宜露天设置,其围栏高度以低些为好,外围配植树木等边饰;为避免地下入口排水的困难,需设置顶盖,也宜选择透明玻璃和钢结构形式;地下出入口造型处理不仅与地面环境景观有关,而且是地下空间序列的开始,因此也应联系到地下环境氛围;地下出入口的围栏、顶盖、支柱等构件的色彩可以加强地面街道景观的谐调和领域空间的秩序感;阶梯材料如能和地面上的铺装材料一致,则取得与地面空间联结一体的效果;附属设施功能的完善,如出入口设有休息座椅、自行车停放架等(图 5-42、图 5-43)。

图 5-42 图 5-43

与城市干道衔接的隧道入口,主要有两种形式:立体交叉桥与地面道路间形成的入口;山岭隧道的洞口。前者需在桥梁造型、结构及道路铺装方面减少可能造成的压抑和沉闷之感。后者侧重于洞口的结构和造型处理,当然也要将放水护土的要素考虑在内(图 5-44)。

图 5-44

(四)自行车停放设施的设计

自行车是目前我国使用数量最多、最普通的交通工具,大量的自行车在城市空间的摆放问题成了影响城市景观的一个重要问题。自行车的存放一般置于道路边、公共环境或住宅小区等的集中存放处,有的还附有遮篷设施,也有的是简易的露天地面停放架或停放器,而有些仅为临时停放点。如何进行空间有序排列和停车空间的充分利用是自行车停放设施设计的关键。根据我国自行车使用数量多的情况,合理解决它的停放,达到美观整齐又节省停放空间,讲究满载和空载时段的视觉效果,是自行车停放设施设计要注意的两点。欧洲不少地区与国家对自行车停车设施的设计就相当重视,他们常聘请设计师做大量的调查与试验工作,设计许多形式多样并与环境融合的自行车停放设施。

1. 自行车停放设施设计的形式

(1)固定式停车柱,即将固定的柱式自行车停放设施支撑架埋入地下,以加强其牢固性。这类停放设施一方面可以停放自行车,另一方面由于固定在地面还可作为止路设施使用。

（2）活动式系列停车架，即整体可移动的自行车停放设施。重复连体成系列，略显笨重，但便于移动。这类自行车停放设施在举办大型活动时，可以随时搬运组装形成暂时性的自行车停放场。

（3）简易单元体的停车设施，多为一些小商店为方便顾客停车而临时摆设在商店门口的装置。其优点是可以随时搬进店内存放，轻便灵巧。

（4）依附于扶栏等其他公共设施上的连体停车架。其优点是占地面积小，而且简洁的设计能与环境更好地融合。

自行车停放首先要考虑到占地面积问题，设计时除了平放外，还采用阶层式停放、半立式存放等形式。不同停放结构形式：平行式存放时与道路呈 90°，一般每 60 cm 间距停放一辆自行车；斜放式存放时与道路呈 30°～45°，一辆车占地约 0.8 m²；单侧段差式存放，前轮离地约 0.5 m，以前高后低的车架形式使车体的占地面积缩小，一辆车占地面积约 0.78 m²；双侧平置存放，两侧前轮对叉式存放较省面积，一辆车占地面积约 0.99 m²；双侧段差式存放，形成上高下低的形式，更有效地节约占地面积，一辆车占地面积仅为 0.69 m²；放射状式存放，只要确保停车周围有适当的流动空间，存放的车辆便会在空间中形成整齐美观的圆形或扇形，给人亲切感。

停放设施的构成形式也可多样化，如用预制混凝土制成鱼钩似的斜槽，自行车前轮可插入凹槽内既安装简单又无直立柱子影响视线；围绕树木的铁护栏，自行车斜放直放均可；还有各种造型的铁质支撑架，给空间带来有序与节奏。停放设施虽貌不惊人，然而改善它的设计却能营造文明的环境，规范和引导人们的行为。

2. 自行车停放设施的适用环境

（1）适于小区类型。这种类型包括两种形式，一种形式是集中存放的车库型，具有长期存放的功能，室内外均可，在室外多为有棚式，具有遮阳、防寒、保暖的功能，这种存放方式一定要有很好的利用空间，便于存取；另一种就是轻便小巧式的，色彩鲜明，形式感强，对景观有点睛之笔的作用（图 5 - 45、图 5 - 46）。

图 5 - 45   图 5 - 46

（2）适用于学校、机关、企事业单位型。这种形式多为白天上学或工作时的短期存放，多为集中式和有棚式，设计上要考虑空间的利用（图 5 - 47、图 5 - 48）。

图 5 - 47

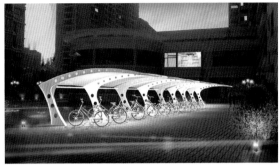

图 5 - 48

（3）适用于一二级马路型。这种形式多为排列式，主要是临时用，存放功能主要是起到规范美化的作用，使自行车的停放有规矩、整齐划一，可以是简单的有棚式或无棚式（图 5 - 49）。

（4）适用于商业网点、商场、步行街。这种多为无棚式（图 5 - 50）。

（5）适用于大型的超市、市场、汽车停车场等环境。这里场地大，存放车多，设计时考虑因素要多些，岛式、横排式等多种多样，还要有标示牌、照明设施和其他配套设施等。

图 5 - 49

图 5 - 50

自行车停放设施的外观效果主要取决于设施的总体形态、比例及材质的选用、色彩的运用等。自行车停放的车数应整齐划一，不影响景观，最好以每十台一组，使停车场井然有序，以便减少街道景观的混乱。

三、公共照明设施设计

现代城市离不开公共照明设施系统，城市的功能逐渐复杂，人们的生活内容越来越丰富多彩，夜间活动也较为频繁，城市夜景照明效果的提高成为人们新的视觉要求。路灯、广场景观灯、园林灯、建筑立面照明、水景照明、发光广告、霓虹灯、商业橱窗、街道信号灯，甚至流动的汽车灯等各种灯光和灯具结合起来，形成丰富的城市夜景和独特的城市文化。

光照本身具有透射、反射、折射、散射等特性，同时具有方向感，在特定的空间能呈现多种多样的照明效果，如强与弱，明与暗，凝重与轻柔，苍白与多层次等，这些不同表现力的照

明赋予人们不同的心理感受。

室外环境的照明不仅需要考虑不同环境对照明方式的要求,还要考虑灯具的审美效果,即灯具本身的造型。灯柱的布局常具有空间的界定、限制、引导作用,与环境空间整体的视觉效果,即夜间发光部位的形态与照明设施共同构成一个光环境。欧洲有些小都市的街灯,光色柔和迷人,营造一种富有诗意的浪漫氛围。

城市照明可分为隐蔽照明和表露照明。隐蔽照明是把光源隐蔽起来,利用反光映照出物体的轮廓,如建筑物的外表造型变化、艺术小品光照下的特殊效果等。表露照明主要以灯具的欣赏性为主,以不同的单体或群体组合,形成艺术化的灯具雕塑美化城市的上空,晚间又能显示独特的光照效果。这种照明设施在设计时应注意:一是掌握空间的形态特征,从不同角度映射,创造出最诱人的效果;其次,光源布置应主次分明,有明暗的层次变化;另外,应考虑多种灯具组合的映射效果,同时还要考虑投光器的位置造成的不同光影效果,以使行人在远处能看清空间形态,近处能看清环境细部。

(一)街道照明设施设计

街道照明由实用性逐渐向艺术与实用并重发展。街道照明要考虑光的亮度与色彩、光照的角度、灯具的位置和独特的造型等,即使在白天,灯具造型也会成为城市上空不可缺少的美的要素之一。街灯一般从上向下照射,以照亮路面,使得地面环境在夜间仍然显得明亮,行人夜晚行走也很安全。其基本要求是对路面的均匀照射,不要引起黑暗死角,为取得这种效果,光源间必须有适当和准确的联系,尤其在拐弯地段更要注意照明的基本要求。

1. 街道照明设计原则

(1) 整体设计应符合街道性质,如商业街道、滨海步行路、休憩性街道等不同街道,采用不同设计。

(2) 结合具体的街道形式,营造不同的照明效果,如重点街道的照明设施应能起到强调城市特征的作用。

(3) 注重利用照明设施的设置,形成街道视觉的景观。

2. 街道照明的形式

街道照明的形式主要是路灯。路灯是由光源、灯具、灯柱、基座、埋设基础等组成。根据照明需要的亮度和色度来决定光源的形式,如白炽灯、卤钨灯、荧光灯、高压钠灯和金属卤化物灯等。灯具对光源发出的光,通过透射、反射、折射、散射等进行合理分配和高效率利用。灯柱对灯具起到支撑作用,灯柱的高度、间距和灯具的布光角度决定照明的范围,具体设计可参考物理光学等方面的知识。基座和埋设基础的作用是固定灯柱的设置,并将地下铺设的电线导入灯柱中。路灯分为:

(1) 柱杆式照明。这类照明与路面的关系较密切,高度为 1~4 m,一般用于人行道的照明为 3.6 m 左右。造型有筒灯、展开面灯、球体灯和罩灯,有些还可以控制照明方向。特点:损光性小,经济实用且使用灵活,可根据道路类型、道路宽度的变化进行配置,如单侧、双侧对称、双侧交叉等不同方式的配置,形成独特的照明环境。灯的造型要考虑人在中、近距离的不同观赏特点,注重细节的设计处理,力求独特与美观(图 5-51、图 5-52)。

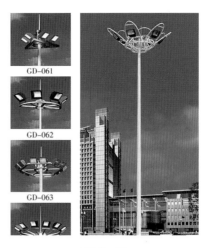

图 5-51   图 5-52

(2)悬臂式照明。悬臂式照明灯具的高度一般为 4~12 m,通常光源较强,间隔距离为 10~50 m。同时应考虑路灯的间距、灯源的配制方式与环境要求一致。利用对光线投射角度的控制来调整整场景中光的实际运用。设计原则:应根据路面照明要求采用单侧、双侧对称、多侧等排列方式,提高光的使用效率;应根据城市道路的性质特点,如一些环城道路或城市主干道上,要保持路灯高度、造型、布置形式的一致,有一定的连续性,给人整体的城市印象;由于人们的视觉观赏关系.对于此类路灯的设计,不必太注意细节处理,更应注重整体的造型设计(图 5-53、图 5-54)。

图 5-53   图 5-54

(二)广场照明设施设计

广场是城市的象征,展现了城市的风貌。现代城市的广场形式越来越多,其文化内涵越来越受到人们的关注与重视。照明作为广场不可忽视的环境要素,不应以单一的方式运用,而应以各种照明形式互相配合,根据环境特质、空间结构、地形地貌、植物的尺度、质感等要素,以多样化的局部照明形成整体性的照明效果,更好地烘托广场的气氛,塑造广场特有的个性。如上海人民广场的灯光设计,采用白色、金黄色为主照射广场主体建筑——市政大厦,并结合过渡色相衔接泛光照明,用草坪灯光和东西侧水帘幕灯光烘托上海博物馆,给人凝重和朦胧的美感。8万 m² 绿地广场中的庭园式灯饰和绿色泛光照明相结合,与中心广场、喷泉广场中的灯光一起,形成五光十色、流光溢彩的立体灯光群的光环境,使人民广场成为上海市中心的一颗灿烂的明珠(图 5 - 55、图 5 - 56)。

图 5 - 55   图 5 - 56

1. 广场照明设计原则

(1) 运用一般照明效果明确广场形状轮廓,满足人们的基本活动。

(2) 运用特殊照明突出广场主体内容,注重灯具本身艺术造型和表达意义。

(3) 注重广场范围内的不同照明方式和灯具的搭配效果,丰富广场空间层次。

(4) 对场地性质、动态的人员、车辆活动、静态的地面的铺装与绿化的把握。

(5) 对建筑和所有被照物体的研究,以及与周围景物的协调关系。

2. 广场照明的形式

(1) 高杆柱照明

高杆柱式照明适合放置在广场、露天体育场、大型展览场等有较大面积的区域,光源的显色性能良好。设计的造型一定要醒目并有装饰效果,放置在广场的主要位置,综合表现为景观灯柱设计。景观灯柱的照明多以投光照明方式为主,照明设备有投光灯、泛光灯、探照灯等。大型的中心标志性的景观照明灯柱的高度在20～40 m,一般高杆景观灯柱高度在6～10 m,它在景观环境中具有很强的轴点和地标作用,它的造型特征不仅要考虑夜间照明效果,还要注意它在白天呈现的景观作用(图 5 - 57)。

(2) 中杆柱照明

中杆柱式照明主要是完成广场周围的环境照明效果,多采用扩散型的泛光照明方式,较为完善地表现广场的轮廓,以白炽灯的温暖色光为宜,给人温馨亲切的灯光照明效果。主要是景观装饰灯形式(图 5 - 58)。

图 5 - 57

图 5 - 58

（3）低杆及脚灯式照明

低杆式及脚灯式多被设置在绿化区域、道路侧旁、路面下、台阶处，一般高度控制在 90 cm 以下，光源低，扩散少，照度要求不高，将广场的细部轮廓和结构应用柔和的光照表现出来，营造柔和、安定的环境，使植物树丛产生明暗相同的光照效果，别具一番情趣（图 5 - 59）。

（4）环境小品的装饰性照明

主要起衬托景物、装点环境、渲染气氛的作用。如在广场中的雕塑、喷泉、纪念碑等环境设施周围给予恰当的投光照明，尤其以隐蔽式照明为主，以光照映照出物体轮廓，有力地表现其文化特质。以不同的单体形式或群体组合，营造夜间独特的灯光景观，这些灯具在白天以艺术小品形式出现在城市的环境中（图 5 - 60）。

图 5 - 59

图 5 - 60

（三）商业街照明设施设计

现代都市中的商业街主要是满足市民购物、休闲、娱乐、交往等活动的场所，是城市中最具活力的公共空间环境之一。基本构成由车行道、步行道组成，其照明要求除满足部分机动车外，更应重点考虑非机动车和行人夜晚出行的便利性。

商业街的照明随着社会经济的发展，不断得到创新。夜景照明一定程度上成为城市空间环境中各种信息的有力载体，使得现代都市街道照明景观极其丰富多彩。

1. 照明特点

（1）商业街的人流密度大，需要有明度、照度较高的灯光照明。

（2）商业街由于具有很浓的商业氛围,照明形式则应更加多样化。

（3）商业街照明设施的布置高低错落、动静结合,且融声光电为一体。

（4）商业街照明灯具要求装饰性更强。

2. 照明形式

（1）固定式、悬挂式照明。固定式灯具采用一定的形状、一定的距离,悬挂式灯具多用于建筑的四角,显示建筑的轮廓和增加建筑的装饰性,以构成整体的空间氛围(图5-61、图5-62)。

（2）投光照明。应用于建筑表面的有一定角度的照明,以呈现建筑表面凹凸立面的变化,并给建筑群体一定的色彩,形成统一的色调,有效凸显夜间建筑的美感,渲染商业环境的氛围。投光需要安放灯罩或格栅,以避免眩光,一般放置在比较隐蔽的位置(图5-63)。

图5-61　　　　　　　　　　　　　　　　图5-62

（3）霓虹灯和挂灯式的装饰性照明。各种霓虹灯沿建筑轮廓边缘或商店招牌、广告牌、广告牌边缘进行设置,可突出建筑形体,也可以各种造型凸显商业信息、营造热烈、活泼的夜环境,光照会使商店内外的各种物品闪烁出一层光亮的效果,显得生机勃勃(图5-64)。

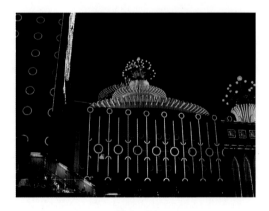

图5-63　　　　　　　　　　　　　　　　图5-64

3. 设计要求

（1）应做好整条街照明的总体规则,首先突出照明重点和层次。一般商业街道两侧的灯饰可分三层,高层布置大型灯饰广告,用大型霓虹灯、灯箱和泛光灯照明形成主夜景;中层用各具特色的标牌灯光、灯箱广告或霓虹灯形成中层夜景;底层用小型灯饰和醒目的橱窗照明形成光的"基座"。再用变色、变光、动静结合的方法,把路面上的路灯融为一体,创造一个有机的照明整体,让人耳目一新。

(2) 布灯的方向最好是垂直于行人视线,以保证足够的光线。

(3) 针对街道入口的构筑物,如牌坊或街道小品及绿化等需要进行单独的照明设计,以塑造节点照明氛围。

(4) 对于不同性质的商业街,应针对其具体特点,进行照明环境设计。如以动为主的商业、娱乐性步行街,以静为主的休憩性的滨水步行道等,都应有不同的照明特色。同时,商业街的照明环境,应充分考虑行人的要素,注意结合人体尺度。

4. 设计原则

(1) 照明环境从整体到细节均应注重结合具体街道状况及两侧的建筑特点,形成各种不同风格的街道灯光环境。

(2) 商业街照明环境的意义除满足人们的基本使用需要外,还在于激发街道上更多的活动形式,促进形成浓厚的街道生活环境。

(3) 塑造一个欢快的、有趣的夜景景观,以吸引更多人群。

(四)区域小环境照明设施设计

城市环境中,有很多作为建筑附属空间的小环境,它们是区域整体环境的一部分,以建筑物和其他空间为背景,与建筑物等在功能、形象、涵义上相呼应,在造型、色彩上相协调,它们依附于整体环境,然而又有自己相对的独立特性。如某建筑的大门出入口及周边环境的处理,或社区内的道路、公共休息走廊等公共设施的区域均成为了特定的空间,这就需要有特定的环境设施与之搭配:在这些空间中,应坚持整体性的原则,更要处理好局部与整体的关系,并与周围环境中其他设施进行整合设计,从而达到各要素间的协调与平衡。

区域小环境照明是指这些依附于建筑或其他主要空间中的照明设施,它们本身有一定的功能,能满足人们的照明需要,但它们更是区域文化特征的组成部分。这些照明灯具的设计既要参考环境设计师们成功的设计,又需通过独特的造型、质地、肌理、色彩等向人们传递一定的区域特色、文化内涵、特定风俗,表达某种空间意义,人们不仅可以使用它们,还能从视觉的审美角度欣赏它们,使照明灯具自身独立的组织结构成为特定环境的符号象征,引人遐想,并起到衬托环境、美化环境、渲染气氛的作用。

区域小环境照明原则与广场类相似,照明方式亦多以中杆式、低杆式及脚灯式、装饰性照明为主,灯具体量不应过大,要求各类灯具应结合景观整体的特征,强调灯具造型的艺术效果。区域小环境照明设施以园灯和地灯形式多见(图5-65、图5-66)。

图 5－65

图 5－66

（五）园林休闲环境照明设施设计

现代城市中的自然景观越来越少，城市居民越来越厌倦城市的喧哗与拥挤，越来越多的人想投入大自然的怀抱，享受大自然的日光、空气与鲜花。人们注重在城市的人工景观享受大自然的美景，在有限的空间中让人领略大自然给人带来的清新愉悦的美感。园林休闲的照明设施与其他设施一起，如绿地、花坛、喷泉、壁雕、服务设施等，共同组成尺度适宜的小环境，为人们提供休息、娱乐的场所，不仅为人们提供照明，同时还满足人们精神的需要（图 5－67、图 5－68）。

图 5－67

图 5－68

其设计要点是：

1. 根据不同功能配合不同的照明方式，重点景观重点规划、偏僻角落的照明也要予以重视，以体现整体的照明气氛，如绿地的照明应采用汞灯、荧光灯等泛光照明，保持夜间绿地的翠绿与清新。

2. 一般庭院的面积范围较小，有安宁、幽静的特点，其照明方式应与之相匹配，常以安全为主的视线照明，一般自上方投射为宜，为避免眩光往往采取间接照明方式的汞灯照明器，或小功率高显色高压钠灯、金属卤化物灯、高压汞灯和白炽灯等。

3. 当沿街道或庭院小路配置照明时,应有诱导性的排列,如采用同侧布置灯位,庭院灯的高度可按其道路宽度的 0.6(单侧布置灯位时)至 1.2 倍(双侧对称布置灯位时)选取,但不宜高于 3.5 m。庭院草坪灯的间距宜为 3.5～5 倍草坪灯的安装高度。

4. 科学合理地组织光源,如表现树木时,采用低置灯光和远处灯光的结合。重点景区可以利用灯具配合泛光照明,并考虑灯具的照明特征,以及灯具对整个小环境空间形态上的影响。

5. 灯的照度、亮度,光的方向都要根据生态空间进行布局,以免过多的照明形成"光污染",影响绿色植物的生长,灯杆的高度应和树木的高度结合考虑,使灯光更富有表现力。

6. 园林装饰照明是由灯光的亮度和冷暖对比而形成艺术效果。照明器要与建筑、雕塑、树木等相和谐,使庭院显得幽静舒适。

四、公共卫生设施设计

公共卫生设施,主要是提高环境的卫生水平,满足室外活动的人们对卫生条件的需求,满足对整体环境视觉上美的需求,以提高城市的文明程度。如垃圾箱、烟灰缸、饮水器、洗手器、公共厕所等,这类设施不应单一地设置,必须与城市的给排水设备及其他设备构成一个系统。所以,规划统一,设计合理,方便使用,完善管理,使用者与管理者间积极配合,才能使这类设施更好地发挥应有的作用。

(一)公共垃圾箱设计

垃圾的收集方式体现了一个国家与社会的文明程度,垃圾箱的设计更是城市公共环境一个备受关注的问题。

1. 普通垃圾箱的分类

20 世纪 70 年代,用陶瓷材料制作的仿熊猫、狮子等动物造型的垃圾箱曾风靡一时。时过境迁,动物造型的垃圾箱已逐渐被淘汰弃用,取而代之的是用现代新材料、新工艺制造生产的塑料、不锈钢等使用方便、造型美观、经久耐用的各类垃圾箱,这亦从另一个侧面说明了现代设计参与提升社会文明的必要性。

普通垃圾箱一般高为 60～80 cm,宽为 50～60 cm。放置于广场、居民小区中的体量较大,高 90～100 cm。垃圾箱的形态多种多样,从设置的方式来说,可分为固定式、活动式、依托式三大类。

(1)固定式

固定式垃圾箱的优点是不易被挪走,不易被破坏,便于保管。一般独立设置于人流量较少的街角或广场边。上部为垃圾箱的本体,下部为支撑部分,与地面连接。此类垃圾箱一般不变换其位置,需注意的是垃圾箱的投放口应尽量扩大,支架结构须坚固,材料应经久耐用(图 5 - 69)。

（2）活动式

活动式垃圾箱的优点是可移动，方便维修与更换，机动性强，适用于各种公共场所，有时与其他环境设施配合，设置于人流变化和空间变化较大的场所。这类垃圾箱基本上以直立型为主。圆筒直立型的设置方向、设置地点具有较大的自由度；方柱直立型的具有方向性，适合于柱、壁面及通道的转角处。活动式垃圾箱由于底部易被污染、易破损，设计时应考虑方便套放、换取塑料袋，便于快速回收垃圾与清洗垃圾箱。居民区的活动式垃圾箱应设计得较大些，便于大批垃圾的收集及转运（图5-70）。

（3）依托式

依托式垃圾箱一般较为轻巧，固定于墙上或柱上，适宜人流较多、空间狭小的场所，同时，清除垃圾的方式应尽量简化（图5-71）。

图5-69　　　　　　　　　　　图5-70　　　　　　　　图5-71

2. 垃圾箱的设计要求

（1）容易投放垃圾

让人们在公共环境中方便使用，这是对垃圾箱设计的要求之一。垃圾箱的开口形式，无论是上开口还是侧开口，都要注意使人们能在距离垃圾箱30～50 cm处便能轻易地将垃圾投放其内。设计时须注意垃圾箱放置的不同场所，如在人来人往的旅游场所，人们急于赶路，垃圾箱的投放口就应相应地开大，让来往匆忙的人能"放"进垃圾，也能"扔"进垃圾。我们常看到垃圾箱周围扔有很多垃圾的现象，其原因除了人为因素外，也有设计不当的因素。为了方便投放垃圾，垃圾箱投放口的开口方向一般有朝上、侧向和斜向。垃圾箱有脚踏掀盖、推板等形式。脚踏掀盖式的垃圾箱适合家庭使用，而在公共场所，因使用次数多而容易被损坏；推板式的垃圾箱则由于使用者在丢垃圾时担心伤及手部，从而导致投放的垃圾夹在推板与投放口间，没有丢进箱内。由此可见，垃圾箱投放口的设计要注意其实用性。

（2）容易清除垃圾

清洁工人每天会对垃圾箱进行多次清理，因此，垃圾箱的设计要方便清洁工人清除垃圾。垃圾箱内要避免死角，如使用塑料袋，就需方便套放和方便换取，以便提高清洁工人的工作效率。当前使用较多的是外筒套内筒的垃圾箱，内筒采用一次性塑料袋，垃圾丢进袋中，只要搬起外筒，取出塑料袋就可清理垃圾。也有一些场所，因需经常性清理垃圾，所以垃圾桶不设盖，甚至将塑料袋直接挂在一专用固定圈上，方便随时换取，又方便投放垃圾，只是欠美观。

（3）防雨防晒

垃圾箱放置在公共环境、露天场所的居多，需防止食物等垃圾被日晒雨淋后变质发臭，流出污水,招引苍蝇蚊虫,影响环境。根据垃圾箱投放口设计朝上、侧向、斜向的不同类型来看,侧向开口的垃圾箱防雨防晒效果较好,因为它的开口在两侧,雨水直接落入或飘入垃圾箱内的情况相对于其他类型少;另外,当太阳直射时,它像伞状一样的顶部可以遮挡阳光,顶部距箱内垃圾有一定距离,且两侧的投放口利于空气对流,使垃圾箱内的垃圾不至于因温度过高而霉变发臭(图5-72、图5-73)。

图5-72

图5-73

(4) 使用场所的考虑

一般情况下,不同地段应有与场所相适应的垃圾箱,应按一定时间内垃圾倒放的多少和清除垃圾的次数来设计其类型和确定安放的数量及位置。尤其是在交通节点、人流量较大的地方或自动售货机附近,由于这些空间的垃圾多为飘游性的,如空罐、果皮、纸袋、塑料杯等废弃物,加之清洁工人经常性地打扫,因此,此处的垃圾箱以数量多、容量适当小、能移动为主。设计时可以小巧些,开口朝上,开口尽量大,方便过往行人顺手投入垃圾,同时注意设计的简洁,富有时代感。室内的公共场所,如候机厅、候车室、大型商场等,一般多采用侧向开口的垃圾箱,开口部较大,此类垃圾箱同样方便垃圾的投放与回收处理。对于居民点的垃圾处理,由于生活垃圾多,居民一般在家中将垃圾用袋装后投入街区专设的大型垃圾箱内,故这一类垃圾箱开口要更大,方便成袋垃圾的投入,同时要方便垃圾车的清运(图5-74、图5-75)。

图5-74

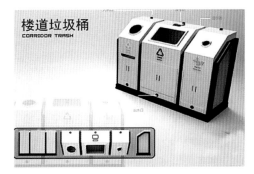
图5-75

(5) 造型与环境的协调

公共垃圾箱的造型包括形态、色彩、材质等,与整体环境是必须考虑的。从垃圾箱的主要功能而言,不是景观装饰品,而是人们生活的附属品。一般不刻意强调它的形态、色彩,而是力求简洁大方,与环境协调,同时还要注意所选材料的耐用性。

总之,垃圾箱的设计应按照实地场所的人流量、居住密度、一定时间内垃圾量的多少、清除垃圾的次数等具体情况而定。

3. 分类垃圾箱

随着公众环保意识的加强,各国都在垃圾定点回收上做出各种努力,以减少对环境的污染,如倡导 3R(reduce、reuse、recycle),即减少垃圾数量、提倡回收物的使用,倡导资源的循环再生利用。所以垃圾箱的功能越来越体现人们环保的文明意识。

我国现将城市垃圾分为三类:有机垃圾、无机垃圾、有毒垃圾,或分为可回收垃圾、不可回收垃圾、有害垃圾。并通过垃圾箱的不同色彩或一定标识对垃圾进行分类收集,这是我国当代城市环境建设对环境设施提出的新要求。

(1) 垃圾的分类

①可回收垃圾:如废纸、废塑料、废金属、废玻璃、废织物等。其中,废纸包括:报纸、各种包装纸、办公用纸、广告纸张、大小不同的纸盒等;废塑料包括:各种塑料袋、塑料瓶、塑料包装、泡沫塑料、一次性塑料餐盒餐具、硬塑料等;废金属包括:易拉罐、铁皮罐头盒等。

②不可回收垃圾:在自然条件下易分解的垃圾,如果皮、菜皮、剩菜剩饭等。

③有害垃圾:如废电池、废荧光灯管、水银温度计、废油漆、过期药品等。

(2) 垃圾的回收方法

日本的家庭一般按"可燃"和"不可燃"将垃圾分装入袋,定时定点放于家门外,让环卫工人收走,并设有一种黄色的垃圾箱专收废弃的普通电池、纽扣电池和其他电池。

国内各地都有不同的地方规定,如广州市按照《广州市垃圾分类收集服务细则规定》,居民生活垃圾分为可回收垃圾、不可回收垃圾、有害垃圾三类,其中要求居民独立包装"废电池、过期药物、化妆品"等有害垃圾,并定时定点由环卫工人处理。

(3) 分类垃圾箱的设计

①分类垃圾箱的色彩

分类垃圾箱一般以绿色代表可回收垃圾,黄色代表不可回收垃圾,红色代表有毒垃圾。虽然现在还没有色彩使用上的统一规定,但以各地的使用习惯以及人们对环保生态的理解而采用的色彩分类,这种对垃圾箱的色彩分类可谓是约定俗成的。如奥地利维也纳机场以绿、蓝、红三色作分类垃圾箱的标色,同样在奥地利,因斯布鲁克(Innsbruck)则以白、蓝、红、绿代表不同的分类垃圾箱,同时在垃圾箱的正面张贴两只巨大的眼睛,提醒人们将垃圾正确投放进相应的垃圾箱内。意大利罗马的某地则以蓝、白两色作为分类垃圾箱的色彩,并张贴有以不同图形表示分类回收、再生垃圾。

②分类垃圾箱的标识

国外对垃圾的分类推行得早,多年的推行已使公众养成了对垃圾进行分类的习惯,故垃圾箱的设计多配合不同的色彩与图形标识。如德国的垃圾箱常以玻璃瓶、塑料瓶、纸盒纸袋和塑料泡沫袋等 4 类不同的图形并采用不同的色彩,表示对不同垃圾的分类。法国巴黎,在回收玻璃瓶的垃圾箱上,印有玻璃瓶的图形并配以文字,鲜明地标识垃圾回收的对象。香港的公共垃圾箱则采用三种不同的色彩,并配以相应的图形和标题,如废纸回收箱,铝罐、胶樽

回收箱等。为方便使用者使用和减少成本,有些部门还提出对垃圾进行干、湿的分类。有些地方单纯用文字形式来标识不同的分类垃圾箱,并赋予文字色彩,但由于文字有一定的局限,容易造成识别的混乱,图形与文字的结合将有助于人们清楚辨识。

(二)公共饮水器设计

饮水器在欧美国家的公共环境中经常可以见到,但在我国只是少数城市中刚刚兴起的环境设施。饮水器,顾名思义就是供人们饮用的自来水装置。国外一些城市的水质高非常卫生,所以供直接饮用的历史较长,街头、广场、公园内的饮水器,就是在人们室外活动过程中感到口渴时饮水的设施。随着我国文明程度的不断提升,城市化进程的加快,国内不少地方开始考虑为方便游人而设置饮水器。它主要设置在城市广场、休息场所、道路出入口等人流较大的区域。饮水器的设置需要加强给排水工程的辅助建设与市政规划、管理的力度,需要通过媒体宣传全面提升人们的文明意识,确保供水的卫生安全。根据需求量和无障碍设计原则,饮水器分为独立式和集中式(多个水龙头)(图5-76、图5-77)。

图5-76　　　　　　　　　　　　　　　　图5-77

饮水器的结构主要分为水龙头、开关、水盆、支座、给排水管。其中水龙头、水盆多采用定型产品,给排水管安置在支座内部,支座成为饮水器设计造型的重点。

1. 饮水器的设计要求

(1)饮水器一般设置于人流集中、流动量大的城市空间,如步行街、城市中心广场等。

(2)饮水器的材料一般选用混凝土、石材、陶瓷、不锈钢及其他金属材料(图5-78)。

(3)饮水器的设计有几何形体的组合,也有以象征性的形象出现,造型单纯,有趣,在实现功能的同时,增添环境的乐趣与美感(图5-79)。

(4)饮水器的设计要考虑使用对象及其年龄层次,要考虑方便残疾人、老人等使用。出水口的高度不应统一,高度可按以下两种方式进行调整:一是改变出水口的高度;二是出水口的高度统一,改变出水口下方的踏步级数。通常出水口距地面高度为1 000~1 100 mm,较低的距地面600~700 mm,每级踏步的高度以100~200 mm为宜。

(5)饮水器与洗手装置可考虑同时设计,满足人们在公共环境中清洁卫生的需要。

(6)注重与地面接触的铺装处理,要求具有渗水性能。

图 5-78   图 5-79

2.纯水循环的过程

公共饮水机不仅适用于广场、步行街、旅游景点、公园等室外公共场所,也可设在市场、银行、医院等人流密集的室内,方便人们饮用纯净水。纯水循环的过程:导水—出水—饮水—接水—下水—净水—回收再用。

(1)导水:人们用身体或身体的某一部分控制饮水机,使其按人的需要出水或闭水。出热水或冷水、温水。其中包括感应式、脚踏式、手动式、IC卡智能式等。

(2)出水:饮用水出口,即水龙头或喷水装置。

(3)饮水:使饮水机各部分具体尺寸与功能符合人体工程学原理。

(4)接水:承接水流,不使水浸湿衣物。

(5)下水:使废水按规定的管道导出。

(6)净水:除去水中的菌类和病毒、有害无机物质、杂质等,进行过滤包括紫外线杀毒纳滤、反渗透、臭氧除菌等。

(7)回收再用:把经过滤而纯净的水由水厂又循环流向各饮水机。

将饮水装置与公共艺术有机结合,成为该地区居民文化和生活场景的组成部分,同时成为宝贵的人文资源,承载和显现当地居民的精神情感、价值观念,它既是饮水装置更是当地人文历史的重要见证。

运用自然质朴的材料如竹子、石基、铜勺等提供水源,以祖先传统的使用方式提供饮用水,使人们在远离自然和乡村的现代城市中同样有机会感知绿色生态带来的恩赐和抚慰。饮用甘甜山泉水的同时,倾听清脆的水流声,观看永不停息的水流动,体味自然的韵味,一种对自然的亲近之感便会油然而生。

（三）公共卫生间设计

公共卫生间是体现城市文明程度、体现对人的关爱的重要设施之一,适当增加公共卫生间的数量与不断提高公共卫生间卫生设备的质量,加强管理是现代城市发展的迫切要求。

1. 公共卫生间的分类

公共卫生间作为居民与行人不可缺少的卫生设施,有固定型和临时型两类(图5-80、图5-81)。临时型还分为临时固定与移动两种形式。公共卫生间常设于城市广场、步行街、商业街、车站、码头、公园、住宅区等场所,其间距根据人流量的多少和密集程度加以设置,一般街道公共卫生间设置的间距为700～1 000 m;商业街公共卫生间设置的间距为300～500 m;流动人口高度密集的场所公共卫生间设置的间距应控制在300 m以内;居民区公共卫生间设置的间距为300～500 m。

图5-80   图5-81

2. 公共卫生间的设计原则

公共卫生间设计应以适用、卫生、经济、方便为原则,其大便便位尺寸一般为长1～1.2 m,宽0.85～1.2 m,小便便位站立式尺寸(含小便池)为深0.7 m,宽0.65 m,间距0.8 m;卫生间单排便位外开门走道宽应为1.3 m,双排便位外开门走道宽应以1.5 m为宜;便位间的隔板高度自地面起不低于0.9 m。公共卫生间一般分为两类:一类为固定的建筑式;一类为活动的临时式。无论哪类,公共卫生间的设计都需注意以下几点:

(1)注重与环境的协调

公共卫生间的外观要尽量与周边环境相协调,切忌由于公共卫生间的建立而破坏原有的景观特色。如英国伦敦的公共卫生间,与街区的整体风格融为一体,即标识清晰,易于识别,又显得平易近人。如日本的公共卫生间,其外观显露出朴实的东方建筑风貌,与周围的马路、建筑、树林互为融合,有些公共卫生间入口摆放雕塑等装饰,营造亲切友善的气氛(图5-82)。

公共卫生间的出入口要有明显的标志,国家一类公共卫生间与旅游景点的公共卫生间更需加上英文标识。

(2)注重造型的简洁

临时性举办大型活动的广场等场所使用活动式公共卫生间,便于随时运输与拆装。这类公共卫生间的设计需注重造型简洁,视觉明确,易于辨认。由于这类公共卫生间一般只供单人使用,要求安全卫生,内饰牢固,同时还要易于清洁、冲洗。设计时可考虑与其他公共设施的连体组合,便于环境的有效利用(图5-83)。

图 5－82

图 5－83

（3）注重环保的设计

公共卫生间的环保设计是每一个国家在环境系统设计方面应遵循的原则之一。一般而言，用水、除臭、排污处理是公共卫生间应解决的三大难题。英国在新世纪产品设计中，运用现代科技设计了一种免冲水的公共小便斗，并在公共环境中付诸使用，取得很好的节水环保作用。建筑式的公共卫生间其通风、采光面积与地面面积之比不应小于 1∶8。当外墙侧窗采光面积不能满足要求时，可增设天窗。公共卫生间应尽量采用高效、节水型的智能卫生设备，例如洗手时通过自动控制完成水的开关；如厕位冲水系统在一定时间内自动冲水，自动关闭，不仅节水，而且更易消除异味。

（4）注重安全的设计

公共卫生间的安全设计包含了两个方面。一是从老弱病残者的活动安全考虑，地面不能铺设抛光砖之类的光滑材料；注意扶手的位置；注意内饰不能有尖锐的转角出现；同时增设残疾人的专门厕位（图 5－84）。二是防范犯罪活动，如打劫、偷盗等。通过加强照明、安排管理者的位置等措施减少罪犯在其间作案的可能性。

（5）注重公共卫生间配套设施的设计

公共卫生间配套设施的齐全与耐用性同样重要。一般公共卫生间都设有收费处、供纸、烟灰缸、垃圾箱、洗手盆、净手设备及烘手器等，满足人们个人卫生的需要。尤其是活动式公共卫生间，这类设备更应注重其使用的方便性与耐用性。加强管理，加强公共卫生间的清洁卫生，才更能体现人性化的关怀与人性化的设计（图 5－85）。

图 5－84

图 5－85

五、公共休息设施设计

休息不仅是体能的休息,还包括人的思想交流、情绪放松、休闲观赏等综合的精神休息。城市环境中公共休息服务设施的范围很广泛,目的是满足人们的需求,提高人们户外活动与工作的质量。将艺术审美、愉悦人心、大众教育等观念融入环境中,使休息服务设施更多地体现社会对公众的关爱、公众与公众间的交往以及公众间利益与情感的相互尊重,这便是多元化设计的发展趋势。

(一)公共休息座椅设计

公共椅凳供人在各种公共环境中休息、读书、思考、观看、与人交流等,使人在得到舒适与放松的同时感受生活的情趣与关爱,是场所功能性及环境质量的具体表现。公共坐具有椅和凳两大类:坐凳在室外环境中一般设于场地的边缘,供人们坐、靠、聊天及休息,形式简单灵活实用,可结合路灯、花坛、雕塑的台基设置,也可沿建筑、树木边界设置(图5-86)。

座椅一般设计有靠背,有些还有扶手,供人们坐和休息,它的造型、色彩、质感、结构的设计能表现出环境内的特定气氛(图5-87)。

图5-86　　　　　　　　　　　　　　　　　图5-87

椅以坐和休闲为主要目的,早期在欧洲的各类庭园、街道中应用广泛,造型或精致古典,或简洁单纯,在环境中起到很好的点缀作用。休息椅凳的设置方式应考虑人在室外环境中休息时的心理习惯和活动规律,一般背靠花坛、树丛或矮墙,面朝开阔地带为宜。供人长时间休想的椅凳应注意设置的私密性,以单座型椅凳或较短连坐椅为主,也可几张椅凳与桌子组合,供人短暂休息的椅凳,则应考虑设施的利用率;根据人在环境中的行为心理,常会出现七人座椅仅坐三人或两人座椅仅坐一人的情况,所以长度约为2m的三人座长椅被证明其适用性是较高的,或者在较长的椅凳上适当进行划分,也能起到提高其利用率的效果。

1. 公共休息坐椅的设计要求

(1)设计尺寸应依据人体工程学,单人座椅尺寸一般座面宽40~45 cm,座面高38~40 cm,深40~43 cm,扶手20~23 cm;附设靠背的座椅,靠背长35~40 cm;供长时间休息的座椅,靠背的倾斜度应较大。测量数据,要考虑人体生理特点的因素(如脊柱弯曲程度、坐骨体面压力等)。

(2)坐椅的主要组成结构有支撑腿、坐面、靠背、扶手,构成形式和尺度要根据功能来设计。

（3）室外休息坐椅要考虑防腐蚀、易清理、耐久性佳、不易损坏材料的应用，同时还需要具备良好的视觉效果，多采用石材、木材、混凝土、铸铁、塑料、合成材料、铝、不锈钢等材料（图5－88）。

（4）与环境密切结合，具体环境应采用不同的坐具设计。如在候车站，既要保证足够数量的坐具供人使用又要考虑坐具的利用率，为消除旅途与候车带来的烦躁与不适，应该设置有靠背的椅子；在人流量大，交通频繁的交通要道，可根据场所特点设置条状、占面积少的靠杆，以方便背行李和旅途劳累者或老弱病残人士短暂地靠着休息，体现人性化的设计（图5－89）。

（5）要综合考虑造型美观，以及与环境形成的视觉效果。我们所说的公共休息坐椅，大致有放置式、支架式、嵌入式、依附式四种支撑方式，在形式上通常主要分为：凳、椅。

图5－88　　　　　　　　　　　　　　图5－89

2. 公共休息坐椅的形式

（1）凳。"凳"一般设置在室外公共环境场所的边缘，可根据实际空间灵活设置和设计，结合花坛、树木、矮墙、路灯、雕塑等进行组合设计。

（2）椅。"椅"一般具有靠背、扶手，它的功能以休息和正坐为主，它的综合设计要根据所处环境的特征来决定，一般背靠空间介质而面朝开阔空间，给人以足够的安全感。

公园、车站、广场等地方需有足够的座椅供人休息。根据不同环境的特点和不同对象的行为来布局不同形式的座椅，也可以利用环境中的自然物与人工物，如路障、木墩等转借为座椅的替代形式。对于人流量大或不宜让人长时间逗留的地方，可利用其特殊的造型，使人难以久坐。座椅使用时可相背而坐，不会互相干扰，是基本的长椅的布局形式，能较好地利用座椅，但不适合一群人的使用要求，站着的人也会妨碍通道，当使用者一字排开时，两端的人可自由地转身面对面交谈，角度的变化适合双向面谈，而不至于膝盖互碰，适合多人间的互动，站着的人也不会影响临近的通道。多角度的变化适合各种不同社交活动的需要，同时变化的椅凳布局丰富了空间的形态，但只适合于单独使用者，不适于群体间的互动。当人太多时，两边的人就需倾斜着身子，膝盖会因互碰而造成不舒服。椅凳与其他环境设施一起组合成复合的形态，形式灵活多变适宜多种人群的需求，再提供垃圾桶、烟灰缸等配套的环境设施，更有利于人的活动，又丰富了空间。

长的休息椅与其他公共设施组成的休息长廊可以用往日的船锚、救生圈、螺旋桨等作为装饰符号点缀环境,叙述着往日的故事,让人们在休息中思念怀旧,满足情感的需求。

(二)公共休息亭、廊/棚架设计

公共休息亭、廊/棚架是根据其形式特点被单独划分出来的空间,一般具有供人休息、交往、观赏、遮阳避雨等使用功能,在现代的环境景观设计中,它不仅仅具有让人们在此休息或聚集的作用,而且在整个环境构成中具有划分、连接、美化等景观要素的作用。

1. 亭、廊/棚架的形式

亭、廊/棚架的形式很丰富,它与建筑形式相比较为灵巧,所以这类设施在现代环境空间中也被广泛沿用下来,并不断发掘出新的形式和作用。

公共休息亭、廊/棚架大致有传统型和现代型两种。传统型的亭子,多建于山顶或园林中,是景观构成的点缀和装饰,也是人们远眺和休息的场所。传统的廊/棚架多是亭的延伸部分,在空间中的布局方式很灵活,有很强的导向性,具有连接各空间之间的景观纽带作用,造型有直线型、曲线型等(图5-90)。现代的亭、廊/棚架形式和风格非常丰富,多采用简洁的构架形式,利用如不锈钢、铝合金、塑料、玻璃等现代耐用材料来表现,成为现代环境景观中功能性很强的艺术装饰元素(图5-91)。

此类设施多与休息坐椅组合设计,通常放置在靠近散步道、广场的边缘、居住区环境,或单独限定成为聚集空间等,为人们提供丰富的户外活动场所。

图5-90

图5-91

2. 设计要求

亭、廊/棚架的美往往建立在自然美与技术美的结合上,现代科技的进步为设计各种形态、不同尺度和体量、不同色彩的亭、廊/棚架提供了最大的可能。

(1)首先应根据环境空间的性质来确定设施的形态、尺度、体量等,同时注重结构设计的安全性。追求亭、廊/棚架美观的同时应注意结构的安全性,提高材料的耐久性,如木制亭、廊/棚架,应选用经防腐处理的红杉木等耐久性强的木材。材料的选择不仅要考虑环保,还应与所处的环境相适应与相协调。

(2)考虑设施对环境的空间限定,空间的分隔与邻近空间在视觉上的连接、引导等影响作用。

(3)运用石、木、水、路等空间要素来布置和装饰,注意时间发展和材料变化对空间状态的影响。

(4)发挥设施的多功能性原则,考虑环境,并与环境相融合。

现代的亭、廊/棚架在形式、构造、选材、装修各方面日益完美,以精良的设计丰富着我们

的环境,人们利用各种形体,在各部位运用不同的比例、尺度,不同的质地、色彩使亭、廊/棚架的个性更加突出。除了亭的本身外,还应在其与周围环境的协调、揭示环境特色、传递环境信息、过渡空间等方面发挥作用。如在儿童游戏场中选择造型亲切、色彩鲜艳的小亭;在别墅、草堂则选择自然的竹、木制茅亭;在住宅社区则与攀缘植物等结合形成花棚,强调与环境的融合,营造静谧、安宁的氛围。当亭、廊/棚架遮风避雨的使用功能转化为休闲、游憩的功能时,其艺术的美、环境的美就更需予以重视,因为人们将它们作为载体,以特有的形式表达一种心绪与意愿,以得到精神上的享受。

六、公共服务设施设计

随着社会经济的快速发展,为了满足人们丰富多样的生活需求,公共场所内的各类服务设施的种类也日益健全。公共服务设施包括公共游乐设施、公共健身设施、便利性的服务设施等。由于它本身的种类和服务性质不同而多样,所以在针对公共服务设施设计的时候,要具体根据它的使用要求和环境要求等条件而深入设计。

(一)公共游乐设施设计

公共游乐设施是儿童及成年人可以共同参与使用的娱乐和游艺性系列设施,游乐设施主要是满足人们游玩、休闲的需求,使人的心智和体能同时得到锻炼,丰富人们的生活活动内容。通常此类设施被放置在公园、游乐场或居住区环境中。

1. 公共游乐设施的分类

公共游乐设施分为观览设施和娱乐设施。观览设施是为游客在观光过程中以提供便利的运载工具为辅助游乐设施,如缆车、单轨列车等(图5-92);娱乐设施是为人们提供娱乐设施、玩具和器械,可有不同的运动方式和活动参与形式,如旋转木马、大型游览车、碰碰车、滑水小艇、大型浪式滑梯等(图5-93)。随着时代的不断发展,游乐设施的形式不断变化,规模也在不断扩大,我们这里主要提到的是小型的游乐设施。公共游乐设施设计的重点是要具有安全性、趣味性和易参与性,根据人们的心理活动和生理特点,对设施的造型、尺度、色彩、质感等各方面进行综合设计。

图5-92

图5-93

公共游乐设施演变和发展的结果在儿童游戏的设施上的体现是非常明显的，不仅仅局限在单一的简单器械所产生的娱乐效果，而是将游乐设施与相应的场所环境性质结合起来，如科技馆、生物馆、植物园等将开发智力、开阔眼界的知识结合起来，使游乐设施的综合功能在特定的环境条件下变得更加有意义。

针对于儿童使用的简单游乐设施在现今整个设施种类比重上占多数，以沙坑、涉水池、滑梯、秋千、攀登架、跷跷板组合器械等为主，要兼顾儿童户外游戏的年龄聚集性、季节性、时间性和自我中心性等特点，使儿童可以从游戏中获得经验，学习、掌握和操作实际的活动方法，可根据实际场地需要进行因地制宜的设计创作。在材料选择上，多采用玻璃钢、PVC、充气橡胶等，考虑人体活动中避免碰伤（图 5 - 94）。

2. 设计要点

（1）安全性，这是最基本的要求，造型、材料、结构等方面均应考虑此性能。

（2）合理性，针对不同使用年龄层次的人的生理和心理特点创造游乐设施，从尺度、色彩、形象、材质等方面进行综合研究。

（3）美观性，本身造型、色彩质感等方面应结合整体环境特点来设计。

沙坑是适合幼儿和儿童参与的活动，可提高孩童的创造意识，是以一种接触自然元素为方式的游乐场所。通常标准沙坑深 40～45 cm，周围设置防沙土流失的高 10～15 cm 的路缘（图 5 - 95）。

图 5 - 94　　　　　　　　　　　　　　　图 5 - 95

（二）便利性服务设施设计

在公共环境中便利性服务设施的设计要本着以人为本的设计原则，在强调其功能特点的同时要表现出一定的亲和力，主要体现为服务亭、售票亭、售货亭/机、报亭、问讯处、快餐点、治安亭、花亭、自动取款机等设施，占地面积一般只有几平方米，最大不过十平方米，向人们提供多种便利和专门服务。它们的存在体现出社会文明的进步，给人们带来了便利性，根据其使用目的和具体要求来确定它的体量大小，形体设计一般表现出地域特色或简洁现代感，保持色彩与环境协调统一。

1. 售货服务亭

随着社会经济的发展，单一的城市格局逐步向网式的、多中心的城市群发展，商业经济、大众消费及相应的商业文化、大众文化日益兴盛，公共场所的各类服务设施也随之日益健全。街头巷尾的售货亭，广场上出售纪念品和票证的小卖部等设施的应运而生，满足了人们多样化生活的需求，快捷而全面地为市民服务，同时也活跃了城市的空间。

作为城市环境的一个点，对售货亭、书报亭、问讯处、小卖店等设施设立的位置、面积、体量的确定，必须进行认真考虑，对其用途、目的、道路状况与人流、消费群体的特征等应进行仔细调查，以确定安置的位置。售货服务亭的空间可大可小，一般面积为 2～3 m²，也可将面积适当增大。售货服务亭具有体量较小、分布面广、造型灵巧、色彩鲜明、服务内容丰富特点等。

售货服务亭是"室外的房间"，设计时应体现城市多元化空间的识别性，强化区域特色，成为环境空间的"点缀"。在自身细部形象的设计中，除了完善服务功能外，更要提高其美学价值，并注意与周围环境相协调，可以采用通透的结构使局部空间显示可视性与丰富性。还可根据环境的特点，如在广场或公园，将售货服务亭与休息椅凳、遮阳伞、垃圾桶等组合一起配置，显示整体环境特色，营造休闲活动的小区域。

信息社会，人们关注新闻时事、体育娱乐等各类信息。书报亭也成了城市中不可缺少的设施形式。书报亭的形式有方盒形、圆筒形、仿古形等，围合空间造型较为通透，一般情况下面积控制在 2～3 m²，通常材料采用塑料、金属、玻璃等。其造型和色彩的设计上应结合本身功能性，强调其在环境中的装饰作用，多采用通透的结构使内外空间显示出可视性，运用多个展示界面来表明服务类型。

售货服务亭分为固定式和流动式两种类型。

（1）固定式多与小型建筑特征、形式、大小类似，体量小、分布广，便于识别（图 5 - 96）。

（2）流动式多以机动性很强的小型售货车的形式出现，有手推车、带篷汽车、摩托车或拖斗车形式，有一定的贮存空间，主要以鲜艳的色彩、别致的造型来装饰车身，展示销售商品服务的类型（图 5 - 97）。

图 5 - 96

图 5 - 97

2. 自动售货机

日常生活中最重要的是方便。现代自动售货机最早出现在 20 世纪五六十年代的欧美，当时在美国的地铁中，人们可以用 1 美分在自动售货机上买到一块口香糖。它不受时间地点的限制，并且交易方便，节省了大量人力，被人们亲切地称为永不下班的营业员。

美国人发明的自动售货机因为一次海外市场的拓展而走向全球。20 世纪 70 年代，出现了采用微型计算机控制的各种新型自动售货机和利用信用卡代替钱币并与计算机连接的更大规模的无人售货系统,如无人自选商场、车站的自动售票和检票系统、银行的现金自动支付机等。普通售货机的种类、结构和功能也已经趋向完备,很多国家的街头和车站出现了销售食品、饮料、香烟、邮票、车票、日用品的自动售货机。

世界上使用自动售货机最多的国家是日本,他们把自动售货机称为"微型小店"。"微型小店"出售的商品,包括报纸、大米、电池、邮票、车票、录像带、安全套、电池、饮料以及各种酒类。自动售货机除路旁以外,已进入学校、工厂、医院、游戏厅、麻将馆、影剧院等公共场所。

我国的自动售货机出现在 1999 年,最初主要集中在北京、上海、深圳和青岛,后来开始向其他大城市蔓延。一般设立在机场、地铁、商场、公园等客流较大的场所,大大方便了有需求的顾客。

现在,自动售货机产业正在走向信息化,并进一步实现合理化。例如实行联机方式,通过电话线路将自动售货机内的库存信息及时地传送各营业点的电脑中,从而确保了商品的发送、补充以及商品选定的顺利进行。

自动售货机以小巧的外形、机动灵活、便利的销售形式为特点,完善了城市公共活动场所中的销售服务设施,它是为了满足行人简便的需要而设立的无人零售设备。不仅在室内场所,在街道和人流密集的室外场所都可常见。最常见的投币式自动售货机主要以销售香烟、饮料、冰淇淋、食品、报刊、常用药品等为主,一般为箱状造型,本身有照明装置(图 5 - 98)。

自动售货机主要组成部分为内部自动机械、贮存空间、展示空间、标识界面(使用说明、销售内容和定价)、按键(选择种类和数量)、投币 VI、显示屏、出货口等。此类设施应尽量集中放置在人行道旁、公共场所边缘、靠近建筑物界面等位置,其前应有足够的活动空间,设施上部应设有篷盖,注重出货口造型的设计或使其口背对风向,以保证商品的卫生(图 5 - 99)。

图 5 - 98

图 5 - 99

七、公共管理设施设计

公共管理设施因功能的不同形成很多种类,并根据不同的功能作用设置在不同城市的布局中,同时它也是支撑整个城市系统正常运作的重要保障,塑造城市整体形象。公共管理设施包括灭火设备、路面盖具、排气口、无障碍的配套设施、变电站、电器控制装置、防盗装置、监控装置等。人们对于这些设施的功能都给予了充分的肯定,但是在设计的处理手法上仍较老套,有待继续进行改进。

（一）无障碍设施设计

无障碍设施问题的最初提出是在 20 世纪初。由于人道主义的呼唤，当时建筑学界产生了一种新的建筑设计方法——无障碍设计。它的出现旨在运用现代技术改造环境，为广大老年人、残疾人、妇女、儿童提供行动方便和安全的空间，创造一个平等参与的环境。概括地说，残疾人，老年人及其他行动不便者等弱势群体在公共设施的使用时能安全、方便自主完成。确切地说，无障碍设施设计是指设施的使用时无障碍物、无危险物，任何人都应该作为人受到尊重，能够健康地从事行为活动而进行的设施设计。从人权的角度来说，人生来是平等的，在任何地方、任何环境使用任何公共设施都应该是同等的，不能因为人的损伤、残疾或老年或儿童的年龄因素成为使用的障碍。无障碍设施设计的目的也就是使设施设计成为一种无障碍设计。一个好的设施设计，应该是健康人、老年人、残疾人使用率都很高的设施。

1. 公共设施无障碍设计的主要内容

（1）公共服务、休闲设施的无障碍设计

①服务台的无障碍设计

公共环境中的售票、问询、出纳、寄存、商业服务等柜台既要能与使轮椅活动者正面接触，又使其尺度适合，一般柜台桌面高度控制在 73～78 cm。公用电话台板下部应留出适当的空间，并可将号码盘的垂直面略微上倾，便于使用者使用。柜台靠人体的外侧端部，可处理成半圆或带点圆的形状，以起到保护人体的功效（图 5 - 100）。

②轿厢的无障碍设计

电梯轿厢应有足够的空间使之至少能容纳一部轮椅及另一位乘客。无障碍轿厢内按钮应比普通按钮约低 40 cm，若有条件，最好能安装盲文符号控制开关，并在电梯轿厢内装置播报所到层数的音响器。轿厢内可安装镜面玻璃，使残疾人和能力丧失者不用转身即可看清身后电梯层数的指示灯（图 5 - 101）。

图 5 - 100

图 5 - 101

③卫生设施的无障碍设计

厕所是残疾人和能力丧失者事故性死亡的多发区域，事故率往往高于其他地方。在公共厕所内设置残疾人和能力丧失者专用厕位时，应以设置在终端为好，这样可减少专用厕位

被正常人占用的可能性。专用厕位应考虑陪同者的协助、轮椅的回转空间和各种方便的抓握设施等,如两边墙上的扶手、顶棚悬吊下的抓握器,还有专门的淋浴坐凳、盆浴提升器、手推脚踏冲水开关等。地面铺设的材料要求用防滑材料。

卫生设施的设计应充分考虑残疾人及老年人的如厕问题。公共厕所应设有残疾人厕位,厕位内应留有 1.5 m×1.5 m 轮椅回转面积;当厕位间隔的门向外开时,间隔内的轮椅面积应不小于 1.2 m×1.8 m;厕所门口应铺设残疾人通道或坡道(图 5-102)。

④休闲设施的无障碍设计

长期以来,设计师是按照正常健全人的标准和生理条件设计公共设施的,这种公共设施与室外环境对残疾人和能力丧失者构成了生理上的障碍和精神上的障碍。因此,公共设施设计师必须考虑到残疾人和能力丧失者特殊的生理、心理特点,在设计与他们生活密切相关的公共设施设备时,其尺度问题就值得重视,如衣柜不宜过高,以方便取放;沙发、坐椅及卧床宜宽大,尺度可略高,以利起坐。还应予注意的是,沙发不宜过软,坐椅不宜过硬,床沿四周宜包覆软体材料以免碰伤人体,若有条件能使用调节床则更为理想,少用或不用钢塑公共设施。休闲设施大多为固定设施,如坐椅等,但应灵活设计,如在便于进退场和疏散的平坦地面留出空地用作轮椅观众席,可灵活升降使用的悬挂式餐桌尤其适用于使用轮椅者(图 5-103)。

无障碍建筑物的窗户应低而大,以不遮住轮椅者视线为佳,还应特别注意隔音、防止噪声,避免强光照射,创造一个安静的环境。同时,室外环境也不容忽视,大多数老年人患有关节炎、支气管炎等,且视力逐渐衰退,因此,要求公共环境温暖、舒适和有较高的照明度及良好的通风,其次房门拉手、电灯开关等安排的高度也应低些,尤其是开关位置。

图 5-102

图 5-103

⑤娱乐休闲设施的无障碍设计

能力未健全的儿童是无障碍设计应考虑的重要部分。据欧洲共同体国家统计,每年在室外致死儿童多达 2 万人,另有 3 万儿童终身致残,造成事故的原因是被室外的公共设施、电器、玩具等绊倒或碰撞。

目前,无障碍公共设施不断问世和完善,如手动式厨具系统、升降式浴槽、升降式洗脸盆和马桶等,仅轮椅的控制方式就有电动、手动、指动、气动、肩动、跨动等数十种之多,这一切给残疾人的生活带来了方便。美国奥兰多世界中心的残疾人和能力丧失旅客使用一种特殊的行动指示器,这种特殊的行动指示器既可达到自我服务的目的,也是残疾人与服务中心随时取得联络的通信装置。方便伤、残、老、弱者使用的各种执手、投掷器、开关等辅助器械在其力度、尺度形状、触感等方面的研究正在广泛而深入地进行之中(图5-104、图5-105)。

图5-104

图5-105

(2)交通设施设备的无障碍设计

①道路的无障碍设施设计

由于生理方面的原因,残疾人和能力丧失者希望能与健康人共走一个入口或在同一入口设置专用入口,而比较忌讳走旁门和后门。如设计家贝聿铭设计的美国国家美术馆东馆的正门入口将台阶、坡道、雕塑作了绝妙的结合,使残疾人和能力丧失者也能方便进入,美国国会大厦为避免损害正立面高大台阶的整体效果,特别在侧入口处加设长坡道。林肯纪念堂则在台阶基一侧专设通行道,在进入口处可乘电梯到上层大厅(图5-106、图5-107)。

图5-106

图5-107

道路的无障碍通行是连接各地的动脉,其周围的无障碍设施要尽可能齐全,否则对残疾人的室外行为将有极大的影响。道路的无障碍设施设计要符合以下基本要求:

A. 人行道的宽度应设计合理,供小型手摇轮椅通行的路面宽约为0.65 m;由于电线杆、标牌、广告牌等的干扰,影响轮椅的正常通行,因此为了确保有足够通行的宽度,人行道净宽应为2 m左右,尽可能让两台轮椅通行。

B. 为减少人行道与机动车车道的段差,方便轮椅的通行,常在十字路口、街道路口等构筑不同形式的缘石坡道,缘石坡道的表面应稍保持粗糙,寒冷地区还应考虑防滑措施。

C. 人行道通行的纵断面坡度应小于20°,如果大于这一坡度则要控制纵断面的长度,以减少人行走的劳累,同时还应增加地面的防滑措施。

D. 在人行道中部应铺设盲道,利用地面微微凸起的部分,引导盲人行走。

E. 在人行道的坡道处或红绿灯交通信号下应设置盲人专用按钮和音响指示设施。

F. 人行天桥和地下通道台阶踏步的高度不得大于 0.15 m,宽度不小于 0.3 m,每个梯道的台阶级数不应超过 18 级,梯道之间应设置宽度不小于 1.5 m 的平台,其两侧应安装扶手,扶手要坚固并能承受一定重量,同时要易于抓握。

G. 建筑出入口,如美术馆、大厦宾馆、银行等入口处在同一立面上应设置供残疾人专用的坡道,坡道宽度约为 1.35 m,出入口应留有长约 1.5 m、宽约 1.5 m 的空间供轮椅回转,门开启后应留有不小于 1.2 m 的轮椅通行净距,门开启的净宽度不小于 0.8 m,不可使用旋转门、弹簧门等不利于残疾人使用的设施。

H. 现在很多城市设有残疾人街道,还有专用箱式升降电梯方便残疾人的轮椅出入。

②楼梯、走道设施设计

每级楼梯高度控制在 10～15 cm,梯段高度 180 cm 以下较为适宜,楼梯踏步数三级以上需设两侧扶手,宽度大于 300 cm 时,需加设中间扶手。此外,踏步的凹槽常会刮掉手杖的防滑橡皮头而给使用者带来诸多不便和危险,无踢板、无防滑条的楼梯也不利于持杖者的安全。

走道宽度视建筑物内的人流情况而定,一般内部公共走道宽为 135 cm、180 cm、210 cm 不等。国外无障碍走道地面铺设特殊肌理的材料,可为盲人、弱视者导向。楼梯、电梯和柱角端等处设护角条,另可辅以识别性较强的诱导材料,提醒和警告视力和体力欠佳者引起他们的注意。西方发达国家的基本做法是,对人行道的交叉转折处、车行道坡度、道路的小处设施、绿化、排水口、标牌、灯柱等都做出妥善处理,免除无端的凸出产生障碍,以提供最大限度的安全服务。日本的每条街道和地铁出入口都有盲人专用的路线,由 30 cm×30 cm 方形地砖构成,地面的线状和点状标识用以指示盲人前进方向或转弯、注意等。在美国跨越城市干道的人行天桥上,同时设置楼梯和电梯,过往行人都能择其所需方便上下;上层天桥又分别与众多商业办公设施甚至与街心花园的地上层面互相连接,从而形成复合式的无障碍通行体系(图 5 - 108、图 5 - 109)。

图 5 - 108   图 5 - 109

(3)停车场的无障碍设施设计

残疾人和能力丧失者在进入公共建筑物或住宅前,需将所乘三轮车换成轮椅,这就要求在公共建筑物或住宅入口处设置一定数量的专用停车场所,且尽量靠近建筑入口,同外通道相连并辅以遮雨设施(图 5 - 110)。

（4）运输工具无障碍设施设计

早在20世纪70年代末期，美国波音飞机公司就已着手探讨客机本身的无障碍技术，如考虑残疾人和能力丧失者的使用，确定最小通行宽度，为残疾人和能力丧失者设置专座，改进卫生间门的开启方向（式）或设置特殊的机上轮椅等。许多客机、渡轮都开始按无障碍技术的新要求设计、改装和生产。各类码头、火车站、航空港、地铁站等的内外通行以及其他与运输工具的衔接口也都必须消除全部障碍。美国许多公共汽车经特殊设计或改装后供方便疾者和能力丧失者使用，该类车辆在车门处均有简易升降台方便残疾人上下车，车内设置轮椅专席及各种特殊的安全固定装置，并设置了特殊的站台标牌和方便残疾人和能力丧失者使用的停靠空间等（图5-111）。

图5-110   图5-111

（二）消防栓及灭火器设计

消防栓是室外环境中的主要灭火装置，色彩多以红色为主，很醒目，材料多用铸铁制造，一般以80～100 m为间距设置，它的主要形式有：

1. 立于地面式（高约75 cm）（图5-112）。

2. 埋入地下或依附它体（墙体）等（图5-113）。

灭火器是较为常见的小型的灭火器材，它在公共场所空间中是不可缺少的设备，通常与标识结合明确功能和位置，容易被人们识别和拿取。当然，灭火器的具体造型设计与我们采取的不同科学灭火原理有关。

图5-112   图5-113

（三）路面盖具设计

现代城市不断发展，地下空间的利用成为摆脱到处是电线、管道等交叉裸露的杂乱局面的必要手段。那么对于地下管道所必要的路面盖具的整体形象设计，在形成城市形象方面就显得尤为重要。

1. 一般路面管道盖具

一般路面管道盖具基本形状为圆形、方形和格栅形，是水、电、煤气等管道检修口的面盖，使用材料多为铸铁，但现在的盖具设计会结合环境场景配以合适的纹样图案来美化地面。传统的地井盖图案多以几何图案为主，再配以地域名称、管道用途等文字。随着制造技术和工艺的提高，地井盖的图案式样及色彩逐渐向多元化方向发展，更为具象化的图案开始广泛出现，视觉传达效果更为出色。例如自然风光、人文景观、城市标志、历史符号等等，极大丰富了井盖图案的文化内涵（图 5 - 114、图 5 - 115）。

图 5 - 114　　　　　　　　　　　　　图 5 - 115

2. 树箅

树木根部的树箅装置也是盖具的一种，树箅的主要功能是对场地地面的平整处理，减少水土流失，对树木根部起到保护作用。树箅大小根据树木的高度、胸径、根系来决定，它的造型设计要兼顾功能和美观两方面，有良好的渗水功能并便于拆装。树箅一般使用石板、铁板等坚实耐用的材料，色彩和造型要与环境协调，拼接方式有 180°的两拼、90°的四拼、多拼或铺装的等（图 5 - 116、图 5 - 117）。

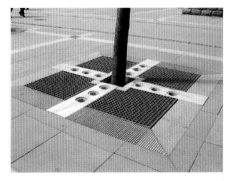

图 5 - 116　　　　　　　　　　　　　图 5 - 117

（四）排气口设计

排气口是因城市建筑的发展而出现的功能性较强的设施，是大型的建筑、地下建筑、地铁等排气设置，它的主要功能是排出建筑内部的废气。现在的设计任务就是在完成它的基本功能的同时，改变以往的粗糙笨重感，注重它的造型与环境的融合（图5-118）。设计要求是：

1. 形态色调与环境、建筑相协调。

2. 从其造型、色彩方面入手使其作为环境景观的一部分，并削弱本身的粗陋，表现一定的艺术特色。

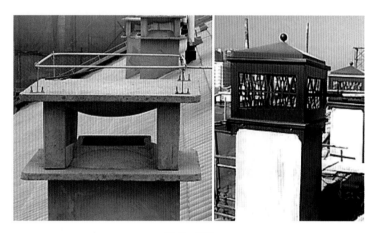

图5-118

八、其他公共设施设计

（一）水景小品设计

水景设计是城市建设的主要元素之一，是景观设计的重点。水景可分为静态水景和动态水景两大类。

环境设计中自然式景观的水景，如湖泊等，其表现以静态的水景为主，以水面平静如镜或烟波浩渺的寂静深远的境界取胜。静态水景的存在，可以使人们或观赏山水景物在水中摇曳的倒影，或观赏水中怡然自得的游鱼，或观赏水中婀娜多姿的睡莲，或观赏水中皎洁的明月等。自然式景观也表现水的动态美，如溪流、溪涧、涌泉瀑布等。

环境设计中动态的水一般是指人工景观中的喷泉、瀑布、活水公园等。当然，自然状态下的水体和人工状态下的水体，其侧面、底面造型是有区别的。自然状态下的水体，如自然界的湖泊、池塘、溪流等，其边坡、底面均是天然形成；人工状态下的水体，如喷水池、游泳池等，其侧面、底面均是人工构筑物。

1. 水景小品的类型

在环境设计中水景通常以人工化设计为主。人们可以根据空间的不同，采取多种手法进行引水造景（如跌水、溪流、瀑布、涉水池等）。在景观设计中，场地中有自然水体的景观时更要充分利用。依据自然水体的特性及流势与人工造景进行综合设计,使自然水景与人工水景融为一体。

根据水景的表现形式,可以把水景分为以下几大类。

(1) 泉:泉是指运用现代设备与技术,经过人为加工形成的一秘水景。它依据水压变化的原理,如果采用不同的手法进行组合,就会形成多种变化的水泉。

①壁泉:由墙壁、石壁和玻璃板上喷出,顺流而下形成水帘或多股水流(图5-119)。

②涌泉:水由下向上涌融,呈水柱状,可独立设置也可组成图案(图5-120)。

③间歇泉:是模拟自然界地质现象的泉水形式,根据需要设置喷射的时间及喷射的时间段。

图5-119　　　　　　　　　　图5-120

④旱地泉:将管道和喷头下沉到地面以下,喷水时水流落到广场硬质铺地上,泉水喷射时沿地面排出,平常可作为休闲场地(图5-121)。

⑤跳泉:射流可以准确落在受水口中。在计算机控制下,生成可变化长度和跳跃时间的水流(图5-122)。

图5-121　　　　　　　　　　图5-122

⑥喷泉:喷泉有以下几种形式(图5-123、图5-124)。

A. 雾化喷泉:由多组微孔喷管组成,水流通过微孔喷出,呈雾状,表现形式多为柱形和球形。

B. 跳球喷泉:射流呈光滑的水球,水球的大小和间歇时间受电脑控制。

C. 盆状喷泉:喷水盆外观呈盆状,下有支柱,可分多级,出水系统简单,多为独立设置。

D. 雕塑喷泉:射流从雕塑的某个部位中流出,形象有趣。

E. 组合喷泉:具有一定规模,喷水形式多样,有层次,有气势,喷射高度高。

F. 音乐喷泉:是由电脑控制声、光及喷孔,通过组合产生不同形状、不同色彩、配合音乐变化而变化的水景。

图 5-123

图 5-124

⑦喷泉的设计要点:

A. 要考虑喷泉的效果,如果是多种类喷泉的集中表现,则应注意喷水形式、水量、水流、水柱高低的区别,在相互比较映衬中发挥各种喷泉的作用和情趣,发挥主水景的作用。

B. 对靠近步道的喷泉,应控制水量和高度,以免在风吹时,引起水分散,或喷水溅到步行人的身上,不能片面认为水量大即效果好。

C. 喷嘴和水下照明灯,要尽量安装在接水池内,上设水箅以免被戏水儿童误踩,注意保持水面景观的洁净性。

(2) 流水:流水是现代城市建设中最常用的水景形式,根据其流量及流向方式可以分为管流和河流(图 5-125、图 5-126)。

①管流:水从管状物中流出,其构思来源于自然乡野。

②河流:在景观建设中模拟自然河流的形态,开凿人工河道,援引自然水源或加注人工水源,使其具有自然河流的特点。

③池塘湖泊:主要是指成片汇聚的水域。

④渊潭:空间小而深度大的水面。

⑤溪涧:也是一种流水形式,通过人工引水或利用天然泉水、溪流之水沿着人工挖凿的沟槽流动。

⑥瀑布:水从人造崖壁、建筑顶面或陡坡直泻而下从而形成瀑布。表现形式有散落、片落、线落、布落、坠落、向心陷落、滑落、级落等。瀑布水量、流速、水切的角度、落差、组合的方式和构成、落坡的材质等的综合作用,使瀑布产生各种微妙的变化,从而传达给人不同的感受。

尽管人们对城市的噪音深感不快,但对瀑布的形式和变化,其落水的声音令人有多样的感受,即使声音从远处传来,也使人联想到水的亲近和愉快。

图 5 - 125   图 5 - 126

近年来,随着我国城市广场设计及水景建设的发展,人们对瀑布的设置也越来越重视,从狭窄的街道一隅到城市落水广场,从主体构成到平面表现,从人工水池到自然水道,瀑布在各级城市水景中都扮演着重要的角色,在人们生活空间进行多样的渗透。与喷泉设计一样,进行瀑布设计也须注意以下问题。

瀑布的设计要点:

A. 先要考量和确定瀑布的形式和效果,根据实际情况确定瀑布的落水厚度,如沿墙面滑落的瀑布水厚 3～5 cm,大型瀑布水厚 20 cm 以上,通常瀑布取中。

B. 为保证水流的平稳滑落,须对落水开口处做水型处理。

C. 为强调透明水花的下落过程,在平滑壁面上作连续横向纹理(厚 1～3 cm)处理。

D. 对壁面石板应采用密封勾缝,以免墙面出现漏水渗白现象。

E. 将瀑布和喷泉相结合,最简单的做法是水盘,可以形成层层跌落的水景。除了设计要点外,要注意控制瀑布的规模、高度,并把握设置地点。瀑布的规模尺度是其基地空间在城市领域中级差的标志,在层级较低的领域(如校园)和较安宁的环境(如居住小区)中,要讲求瀑布的小巧、精致和趣味性。应慎重对待瀑布的选型和规模,片面追求瀑布的气势磅礴和规模宏大易造成基地空间尺度的浪费。瀑布的设计要点和落差也是设计师要考虑的要点。在开放空间有限的中庭或居住区的中心地带不宜设置较大规模瀑布,尤其落差较大的瀑布。这不单可能扰民,还因其落水的抛物线和风吹作用都需要设置更大的瀑潭,占用较大面积。

F. 叠水:水流分层或呈台阶状流出。

G. 倒影池:光和水的互相作用是水景的精华所在,倒影池就是利用光影在水面形成的倒影,以扩大视觉空间,丰富景物的空间层次,增加景观的美感。倒影池极具装饰性,可做得十分精致,无论水池大小都能产生特殊的借景效果。花草、树木、小品、岩石前都可设置倒影池。

(3)水池

水池是水景中的平面构成要素,其形态主要分为点式、线式和面式(图 5 - 127、图 5 - 128)。

点式指最小规模的水池和水面,如露盘、饮用和洗手的池子、小型喷泉和瀑布的阶池面等。它在市内、庭园、广场、街道中以空间的层台和地面的点景等形式出现。尽管它的面积有限,但它在人工环境中起到画龙点睛的作用。往往使人感到自然环境的存在,联想到浩瀚的水世界。

图 5-127   图 5-128

线式指比较细长的水池,也称水道或水渠。它在空间中具有很强的分化作用或绵长蜿蜒之感。在线式水池中通常采用流水,以加强其线形的动势并将各种水面(水池、喷泉和瀑布)联结起来,形成有机的整体。线形水池或水道可以围绕面式水池构筑,也可以置于广场、阶梯、庭院之中,处理成直线型、曲线型、折线型和曲水型等。

面式指规模较大、在空间中起到相当控制作用的水池。水池可以单一的池体出现,也可是多个水池的组合,若干水池可以在同一个平面展开,也可由竖向叠加而成。其平面造型是多样的,这取决于所在的开发空间性质、形态、观光路线、功用(观赏、吸水等)、内容(喷泉瀑布形态、放置的雕塑、养殖的鱼类、种植的植物设置的亭、榭台和点步石、水桥等园林小品)。总的来说,规则的设计造型要比不规则的几何形或自然形容易取得效果。为了衬托出水的欢快清澈以及瀑布和喷泉的造型,池底面通常选择较艳丽的色彩或装饰图案,池的外沿处理成容纳外延的水沟。

水池以其组成内容分为池水、底面和驳岸三部分。其附属设施有步石(汀步)、水边梯蹬、池岛、池桥、池内装饰、绿景、喷泉、瀑布等。水池设计的基本要素为材料、色彩、平面造型、其他水景组合以及池底与竖向关系等。

(4)水道

在水景设计中,狭长的水池或有装点作用的沟渠就是水道。其形式主要以线形为主;自然的溪泉也包括其中(图 5-129、图 5-130)。

图 5-129   图 5-130

水道的注意要点:

①因为水深在30 cm以下,必须考虑儿童进入的可能,需要防范。

②对池底要考虑防滑、防扎,并加强对池底清扫整理。

③对池底和护壁均做防水层,以免渗漏。

在城市环境中,喷泉和瀑布及水池是密不可分的,有的时候是它们同台演出竞相表现,有的时候则突出重点而隐蔽其他内容,这完全依照设计者的意图,而设计者在创作过程中必须考虑以下几项设计原则:

①尺度。水景的尺度包括三个方面:环境空间与水景的尺度关系,水景要素间的关系,人与水景的尺度关系。

②光影。水的造型、水的隐蔽、水的运动、水的空间组织要被观赏者充分地领略并为之振奋,是设计者追求的目标。

③材料。在水景设计中,硬质材料虽不只意味着质感,但质感确实与材料有着天然的联系,并为人所感知。质感可以分为天然的和人工的,触觉的和视觉的,同时有的因人们的视距而显示出多层次的不同感受。

2. 水景小品的设计原则

(1) 观赏性原则

水具有柔美之灵性,是自然界中不可缺少的组成部分。水景小品的设计主要是为了给空间增添要素。水的形体变化会跟随其外部环境的形态特征而变化。不管是静态还是动态的水景设计都应该具有其独特的观赏性。

(2) 适应性原则

水景必须根据空间地形、地貌进行设计,脱离了固有的地貌特征而进行的水景设计是不可取的。在水景设计中必须遵循"利用自然形态、维护自然原始形态"这一原则。如果特意为设计水景而不惜破坏自然生态,就会弄巧成拙,适得其反。

(3) 动静相结合原则

空间环境里的水景设计要具有生气。空间环境水景设计的各个组成要素必须围绕空间的特性来进行组织。水景设计要充分考虑动态水景与静态水景相互呼应、彼此映衬,如溪涧与湖泊组合、瀑布与渊潭组合等。动静结合的水景设计,其本身就适合了水的变化特性。

(4) 与科技发展相结合原则

在科技飞速发展的今天,任何一种艺术设计形式都与科技的发展息息相关。科技的发展与变化为艺术设计提供了新的思路和新的方法。在水体小品设计中,声、光、电及高科技设施的综合运用会越来越广阔。如音乐喷泉和组合喷泉的成功设计就是很好的证明。所以,在进行水景小品设计时,要多考虑与科技手段的结合。

(二)城市雕塑设计

雕塑艺术是伴随着人类前进的步伐向前延伸的,城市雕塑又是雕塑艺术的延伸。随着城市公共艺术事业的发展,城市雕塑已成为约定俗成的概念。它是相对于室内雕塑而言的一个新词汇,故也称为室外雕塑。为了创造城市景观,也可称之为景观雕塑、城市环境雕塑等。有人把城市雕塑称为"城市精灵",是有一定道理的。无论是纪念碑雕塑或建筑群的雕塑,还是广场、公园、小区绿地以及街道间、建筑物前的城市雕塑,都已成为现代城市人文景观的重要组成部分,成为一座城市文化水平的象征。

1. 城市雕塑的类型

按照雕塑艺术的表现形式,可分为圆雕和浮雕;按照雕塑的艺术表现手法,可分为写实雕塑和抽象雕塑;按照雕塑的性质,主要分为纪念性雕塑、主题性雕塑、装饰性雕塑、功能性雕塑等。

(1)纪念性雕塑

纪念性雕塑是指以雕塑的形式来纪念某个人或某个历史事件,这类雕塑往往设置于纪念性建筑或者事件的发生地点,通过雕塑表达某种特定的意义。如南京雨花台烈士陵园入口的革命烈士人像群雕(图5-131);美国的"自由女神像"(图5-132)也是一件优秀的纪念性雕塑,她是美国人民追求民主与自由的象征。

图5-131

图5-132

(2)主题性雕塑

主题性雕塑并不一定都是为纪念历史人物或历史事件而建,但它们都鲜明地表现了某个具有重大社会意义的主题,并通过特定的形式来反映历史和时代的潮流、人们的理想和愿望。主题性雕塑多以形象的语言、象征和寓意的手法揭示某个特定的主题,表达丰富的思想内涵(图5-133)。

(3)装饰性雕塑

装饰性雕塑是相对于写实性雕塑的表现手法而言的,装饰性雕塑可以表现具象的题材,也可以表现抽象的形式,表现的题材和内容十分广泛(图5-134)。装饰性雕塑主要有三个特点:第一是装饰性雕塑在构图和尺寸上比较容易适应环境的设计要求。第二是重视材料的多样性,制作工艺的技巧性。第三是装饰雕塑具有宜人的尺度,具有亲和力和趣味性。装饰性雕塑对丰富城市景观、满足市民的审美要求发挥了重要的作用。

图5-133

图5-134

（4）标志性雕塑

许多大型建筑群配置了点明建筑功能的城市雕塑作品,如军事博物馆、中国革命历史博物馆门前的陆海空军战士雕像和工农兵雕像。这些作品发挥了说明性的功能,树起了形象的标志,含蓄生动,寓意深远,形象优美,鲜明易懂,雅俗共赏,成了城市景观中的重要部分。

比利时布鲁塞尔的标志雕塑"撒尿的男孩"(图5-135),实在是小得不起眼的雕塑,如果没有导游的指引,一个外来人要找到它真的很困难,但是,它的名气却很大,如果没有看到它就好像没有到过布鲁塞尔一样。原因是这个雕塑背后有个关于这个小孩子撒尿救了全城人的故事。因而"撒尿的男孩"雕塑成了布鲁塞尔的标志。

（5）展览陈设性的雕塑

这是城市雕塑的独特类型。这种在室外布置雕塑的方法与一般城市雕塑所要求的原则不同。它是把各类雕塑作品如同展览陈设那样布置起来,让公众集中观赏多种多样的优秀雕塑作品。也有的全部为一位作者的作品,围绕一个专题,经严格的总体设计构成的。如德国、韩国及北京的城市雕塑公园,既满足了城市人民的欣赏需求,也给城市带来了活力。雕塑公园的布置要考虑人流参观路线和光照、背景、视角等因素。此类作品的出现和发展有利于提高全民文化素质和精神文明建设(图5-136)。

图5-135   图5-136

（6）实用功能性雕塑

20世纪中叶以来,出现了一些雕塑性的建筑。如好似片片白帆的悉尼歌剧院(图5-137)、宛如开放的莲花的印度巴赫伊莲花教堂、放大一万倍铁分子模型的比利时布鲁塞尔国际博览会原子球餐厅……直到欧美街头常见的设计成花车的小卖部和书亭,都可以说成是这类雕塑建筑的延伸和发展。再如,吉林市江边的城市雕塑中有一些可供游客休息的雕塑,如树根状的椅子,椅子上坐着个可爱大猩猩,既贴近自然又增强了雕塑的实用性。

（7）以雕塑为主的大型艺术综合体

在人类文明史上,古代艺术家已多次很有经验地运用包括建筑、园林、雕塑、绘画等多种形式,创造出诸如雅典卫城、圣彼得大教堂、凡尔赛宫、中国古代园林等经典的艺术综合体,使这些人文环境空间传达出更为丰富的思想内涵,表现出更为强烈的艺术魅力。然而,确切含义上的以雕塑为主的大型艺术综合体的新的类型品种应是在"二战"以后建造的。如20世纪50年代初的柏林苏军烈士陵园、60年代的斯大林格勒(现伏尔加格勒)战役大型纪念综合体等等(图5-138)。

图 5－137

图 5－138

这些作品总体布局严谨周密,场面宏大,调动了雕塑、建筑、园林、音乐、绘画、文物陈列、电影幻灯、火炬灯光、水景灯光等多种艺术手段,围绕共同主题,各自发挥独特的形象语言,组成层层展开的序列空间,从视觉和听觉多角度强化渲染,全方位地交织影响着观众的各种感官。多层次全过程的由感性到理性,充分展开的广度与不断开掘的深度,将人们深深导入特定的意境和心绪之中,随之而升华为对事件的全面而深刻的理解,与此同时,人们又经历了一次审美的完整过程。以雕塑为主体的大型艺术综合体的功能性质主要是纪念性的教化效应。

雕塑公园的布置要考虑人流、参观路线和光照、背景、视角等因素。此类作品的出现和发展有利于提高全民文化素质和精神文明建设。

2. 城市雕塑制作材料

材料是雕塑造型的物质载体,由于城市雕塑设置于城市开放性公共环境中,要保持其长久的艺术魅力,就必须使用坚固耐久的材料。早期的城市雕塑使用的材料主要以石材和铜材为主。随着科学技术的进步,材料有了很大的发展,雕塑风格的多元化,除使用传统的石材和铜材等材料外,不锈钢、铝材、钛合金、混凝土、玻璃纤维、玻璃、合成材料等也被运用到雕塑制造中。同时雕塑的加工手段在继承了传统雕刻、铸造等工艺的基础上,又增添了锻造、模压、焊接、铆接、电喷、喷涂等新的工艺技术。因此,城市雕塑制造材料范围的扩大、制作工艺与技术的提高,都极大地丰富了城市雕塑的语言和艺术表现力。

现代城市雕塑造型语言的多样性、丰富性促进了雕塑与城市公共空间环境的融合,而雕塑材料的多样性使雕塑与周围建筑物和构筑物有了更多的和谐(图 5－139)。

3. 城市雕塑的创作原则

无论是历史悠久的城市还是新兴的城市,城市雕塑都

图 5－139

是作为建筑物与城市环境的衍生物而出现的。城市的发展规划、城市的历史风貌、城市的地理环境特征等因素都成为雕塑家创作的重要依据。因此,城市雕塑的创作应遵循一定的原则。

（1）整体性原则

这是城市空间环境构成中最为主要的设计原则。具体说就是在城市空间环境中确定设置雕塑之前，从整体空间环境出发来考虑它与周围环境的关系，如环境的空间形态、空间的比例尺度、空间的属性、环境周围建筑物的风格等因素，以确定雕塑的形体大小、风格、表现手法、制作材料等。

（2）关联性原则

客观世界是一个相互联系的整体。因此，空间构成的关联性原则是客观辩证法的普遍联系法则的具体运用；空间环境中的任何物体，都不是孤立存在的，而是相互联系、相互作用的。

（3）时空性原则

雕塑除了具备其他艺术的基本特征以外，还有一个重要特点就是它的时空性，无论是具象雕塑还是抽象雕塑，它们都是在三维的立体空间中塑造形态；雕塑向人们展示的是全方位的立体造型，人们可以在任何一个角度观赏它，所以空间对雕塑家和观赏者是非常重要的。雕塑艺术同时又是时间的艺术，当人们随着时间的推移、行为方式的变化、季节的转换，从不同的空间角度，在不同的时间去观赏雕塑时，都会获得不同的美的享受。

（4）主次性原则

空间构成的物体具有一定的层次性。空间环境中的物体必须是按主次关系进行组合的，比如以建筑为背景的城市雕塑。在城市空间中，为突出主要物体，就要求雕塑既能和整体环境相协调，又能充分展示其相对独立性，形成中心感，从而体现出整体构成的最佳视觉效果。

（5）对比性原则

这个原则主要是在空间环境设计中为了避免特征重复而设立的，雕塑作品与空间构成中的任何物体都要有一定的差异性，避免呆板、机械性的重复。在统一的前提下，突出个性化特征；通过大小对比、高低对比、材质对比及色调的冷暖对比等艺术表现手法，使雕塑作品符合整体统一的设计原则。

4. 景观雕塑的设计要点

景观雕塑的设计既要考虑与环境空间、地域特色、建筑风格等的关系，更要从自身形体的设计考虑，在设计前一定要做好必要的调查研究，具体体现在以下几点：

（1）确定雕塑的性质。根据建筑、环境的性质确定景观雕塑的性质、内容和基调。不同性质的建筑环境应配置不同性质的景观雕塑，如烈士陵园这样庄严肃穆的环境中，就不可配上商业性、广告性的雕塑；而喧闹欢腾的游乐场环境中，也不适宜放置纪念性的景观雕塑，而应以衬托环境氛围的小品为主。

（2）确定雕塑的位置和朝向。根据建筑环境的布局构图确定景观雕塑的位置和朝向。建筑环境的布局不同，雕塑的位置也因之不同。中轴对称式格局的建筑，雕塑放置于中轴线或轴线两侧的对称位置。不对称的自由式格局的建筑环境，雕塑小品则可采用自由式的位置，主要根据该建筑区域的平面图、人流线路的流向等需要来确定。总之，景观雕塑应放在画龙点睛的地方，对建筑构图发挥加强、均衡和丰富作用。景观雕塑的朝向关系其艺术感染力的发挥，它也是由建筑环境的布局来确定的雕塑的主视面应面向主要人流，安置在适于观赏到的角度,以达到最佳魅力的景观效果。

(3) 确定雕塑的尺度和体量。根据建筑环境的空间规模,来确定景观雕塑的尺度和体量。一个开敞宽广的空间中,雕塑作品自然应有较大的尺度和体量。反之,处于封闭狭隘空间中,景观雕塑尺度相应小些。建筑环境空间与雕塑尺度关系存在一定的视觉局限。但有些特定的环境也可设计出超常规尺度的雕塑,以达到威严、崇高的目的。

(4) 确定雕塑的材料、色泽和质感。根据建筑环境特点确定景观雕塑的材料、色泽和质感。为保证雕塑在其环境中的突出、醒目,应使之与背景拉开距离,构成对比,至少要有明显的差别。如雕塑放在深色背景中,常采用浅色材料;浅色背景则采用深色材料,灰色背景中采用艳色等。

(5) 确定雕塑的造型语言。根据建筑环境的艺术风格来确定景观雕塑的造型语言、点线面的表现形式。一般情况下,雕塑小品造型语言与建筑的风格应协调一致。但有些情况下,特别是现代景观雕塑常采用不同时代的风格夹杂一起的现象,故意造成纷乱,以强烈的反差形成特殊的艺术效果。

(6) 确定雕塑的照明设计。景观雕塑一般都在室外,为了突出主题,夜晚都有灯光照明加以衬托。进行照明设计时要注意最好采用前侧光,前侧光的方向一般大于50°,小于60°最为适宜;要避免强俯光和强仰光(即正上光和正下光),特别注意避免同时使用;避免顺光,这也是一种正光,它会使雕塑损失立体感;避免正侧光,黑夜中易造成形体的变形,导致"阴阳脸"的不良视觉效果。

(7) 确定景观雕塑的基座。基座与景观雕塑一样重要,因为它是雕塑与环境连接的重要环节,基座既与地面环境发生联系,又与景观雕塑本身发生联系。一个好的基座设计可增添景观的表现效果,差的基座设计可以使景观雕塑与地面环境、与周围环境产生不协调因素。常用的基座类型有:碑式、座式、台式与平式。也有雕塑直接与地面接触的,只是与地面质感产生对比,目的是为了烘托与强化雕塑的景观效果。

参考文献

[1] 谭巍. 公共设施设计. 北京:知识产权出版社,2008

[2] 王国勇,尚娜. 公共设施设计. 长沙:湖南大学出版社,2006

[3] 张焱. 公共设施设计. 北京:水利水电出版社,2012

[4] 薛文凯,陈江波. 公共设施设计. 北京:水利水电出版社,2012

[5] 钟蕾. 城市公共环境设施设计. 北京:中国建筑工业出版社,2011

[6] 冯信群. 公共环境设施设计. 上海:东华大学出版社,2010

[7] 杨明洁,吴佳青. 著名设计机构创意白皮书:公共设施与导向系统设计. 杭州:浙江人民美术出版社,2009

[8] 安秀. 公共设施与环境艺术设计. 北京:中国建筑工业出版社,2007

[9] 毕留举. 城市公共环境设施设计. 长沙:湖南大学出版社,2010

[10] 胡天君,景璟. 公共设施设计. 北京:中国建筑工业出版社,2012

[11] 杨玲,张明春. 21世纪高校美术教材:公共环境设施设计. 长沙:湖南人民出版社,2010

[12] 薛文凯. 现代公共环境设施设计. 沈阳:辽宁美术出版社,2007

[13] 张海林,董雅. 城市空间元素公共环境设施设计. 北京:中国建筑工业出版社,2007

[14] 中国建筑标准设计研究院. MR1城市道路路面、路基及其他设施(2008年合订本)(建筑标准图集)——城市道路. 北京:中国计划出版社,2008

[15] 鲍诗度. 城市家具系统设计. 北京:中国建筑工业出版社,2006

[16] 日本株式会社新建筑社. 日本新建筑6:地区基础设施(景观与建筑设计系列). 大连:大连理工大学出版社,2011

[17] 李农. 景观照明设计与实例讲解. 北京:人民邮电出版社,2011

[18] 徐文辉. 绿道规划设计理论与实践. 北京:中国建筑工业出版社,2010

[19] 张凌浩,陈旻瑾. 环境中的设施设计. 北京:中国建筑工业出版社,2011

[20] 李志民,宁岭. 无障碍建筑环境设计. 武汉:华中科技大学出版社,2011

[21] [英]赛尔温·戈德史密斯;董强,郝晓强,译. 普遍适应性设计. 北京:知识产权出版社,2003

[22] 刘蔓,刘宇. 景观设计方法与程序. 重庆:西南师范大学出版社,2008

[23] 李远,宋春燕,丁立伟,边哲. 展示设计与材料. 北京:中国轻工业出版社,2008

[24] 张锡. 设计材料与加工工艺. 北京:化学工业出版社,2004

[25] 何宇声. 复合材料与工业设计(美学、艺术及工业设计理念的运用). 北京:化学工业出版社,2005

[26] [日]视觉设计研究所;于雯竹,陆娜译. 设计配色基础. 北京:中国青年出版社,2004

[27] 申思. 一周解决配色应用. 福州:福建美术出版社,2009

[28] [英]戴维布莱姆斯顿(David Bramston). 产品材料工艺. 北京:中国青年出版社,2010

[29] 杨东江,杨宇. 装饰材料设计与应用教程. 沈阳:辽宁美术出版社,2010

[30] 张小纲. 展示设计实务. 北京:中国轻工业出版社,2006

[31] 刘瑞芬. 设计程序与设计管理. 北京:清华大学出版社,2006

 后 记

　　本书在编写的过程中得到了河南工业大学李文庠副教授的关心和支持，本书的出版，又在东南大学出版社胡中正编辑及同仁的热心与督促下完成，在此表示诚挚的感谢！

　　本书在成书的过程中，参考了较多公共设施设计、城市景观规划等方面的新鲜知识，并运用了大量公共设施、城市景观方面的图片，部分图片来源于网络，参考的图片版权归其作者所有。

　　本书第一、二、五章由张婷（河南工业大学设计艺术学院）编写，第三、四章由苗广娜（河南工业大学设计艺术学院）编写。

　　由于编委的知识和掌握的资料有限，本书的内容难免会存在缺陷，希望得到专家和读者的批评指正。